国家自然科学基金项目(52275110)资助
国家自然科学基金项目(51805166)资助
河南省高等学校重点科研项目(23A460012)资助
华北水利水电大学博士启动经费(40653)资助

井下弹力式煤矸分选及气力输送充填技术研究

周甲伟 著

中国矿业大学出版社
·徐州·

内 容 简 介

煤炭资源是我国重要的基础能源和化工原料，在国民经济中具有极其重要的地位。原煤采出后在井下进行煤矸分选并进行气力输送充填，对提升煤炭资源使用效率和矿区生态环境保护具有重要意义，是井下采选充一体化绿色开采的关键环节。煤和矸石弹力式分选是适合井下巷道或硐室等狭小空间的机械式分选方法，分选之后就地采用气力输送进行煤炭输送和矸石充填也是空间节约、环境友好的绿色输运方式。本书系统地研究了井下弹力式煤矸分选的机理、煤和矸石的冲击反弹破碎特性、煤矸分选的效果评价和预测、煤炭气力输送系统过程特性、煤和矸石长距离输送过程关键技术等内容。全书共8章，内容、体系完整，层次清楚，适合从事矿山工程研究的科技人员、高等院校相关专业的研究生和本科生阅读参考。

图书在版编目(CIP)数据

井下弹力式煤矸分选及气力输送充填技术研究/周甲伟著. —徐州：中国矿业大学出版社，2023.3

ISBN 978-7-5646-5678-2

Ⅰ. ①井… Ⅱ. ①周… Ⅲ. ①煤矸石—分选技术—研究②煤矸石—气力输送—充填法—研究 Ⅳ. ①TD94

中国版本图书馆CIP数据核字(2022)第242118号

书　　名 井下弹力式煤矸分选及气力输送充填技术研究
著　　者 周甲伟
责任编辑 周　红
出版发行 中国矿业大学出版社有限责任公司
(江苏省徐州市解放南路　邮编221008)
营销热线 (0516)83884103　83885105
出版服务 (0516)83995789　83884920
网　　址 http://www.cumtp.com　**E-mail**:cumtpvip@cumtp.com
印　　刷 苏州市古得堡数码印刷有限公司
开　　本 787 mm×1092 mm　1/16　**印张** 9.5　**字数** 186千字
版次印次 2023年3月第1版　2023年3月第1次印刷
定　　价 57.00元

前　言

加快构建清洁低碳、安全高效的现代能源体系是保障国家能源安全，实现碳达峰、碳中和的内在要求，也是推动实现经济社会高质量发展的重要支撑。在未来相当长时期内，煤炭作为主体能源的地位不会改变，要着力加强煤炭智能绿色开采，推动煤炭清洁高效生产和洗选，实现深部采选充一体化的矿井复杂系统协同开采技术，有序推动煤炭工业绿色低碳转型。井下煤矸分选和就地气力输送充填是深部采选充一体化矿井生产系统的关键环节，也是彻底解决地表矸石堆积排放问题的根本途径。

井下弹力式煤矸分选技术是基于煤和矸石的物理机械特性差异提出的适用于井下煤和矸石分选的方法，它具有安全性高、处理量大、占用空间小、使用成本低等优点，可以减少矸石地面堆积造成的环境污染，降低煤矿的运输成本，减轻过度开采导致的沉陷灾害。同时，对分选后的煤炭和矸石分别进行气力输送和充填，实现煤和矸石封闭管道运输，有利于减小井巷开拓空间、改善井下环境，对实现煤矿绿色开采具有重要意义。为此，本书系统地研究了井下弹力式煤矸分选的机理、煤和矸石的冲击破碎特性、煤矸分选的效果评价和预测、煤炭气力输送系统过程特性、煤和矸石长距离输送过程关键技术等，为井下弹力式煤矸分选技术的推广和应用提供了理论支撑。

本书的出版得到了国家自然科学基金“混合粗颗粒物料密相气力输送颗粒输运机理及流型演变规律(52275110)”、“振荡气流煤炭气力输送中颗粒起动响应及系统动力学特性(51805166)”、河南省高等学校重点科研项目(23A460012)的资助及华北水利水电大学博士启动经费(40653)资助。

本书的研究内容和撰写得到了华北水利水电大学、中国矿业大学和河南理工大学多位师生的帮助和支持,在此一并表示感谢!在本书撰写过程中引用和参考了大量文献资料,在此特向作者致以谢意!

由于笔者水平有限,书中难免存在疏漏之处,敬请读者批评指正。

著 者

2022 年 11 月

目　录

1 绪　论

1.1 研究背景及意义

作为基础能源产品，煤炭是国民经济持续高速发展的有力保障，其生产尤显重要。2021年我国的原煤产量已达41.3亿t，创历史新高，煤炭生产的伴生品——矸石的出矸量也日益增加。传统的矸石处理方式是将其从井下运至地面堆积，形成煤矿特有的地表“建筑物”——矸石山[1]。全国国有煤矿约有矸石山1 500多座，矸石的堆积量在30亿t以上，约占中国固体废弃物总排量的40%[2]。矸石山的存在为矿区环境带来许多不利影响，主要体现在以下四个方面[3-6]。

(1) 矸石山堆积：破坏生态环境、影响自然景观

矸石山堆积对矿区生态环境的破坏主要体现在以下三个方面：首先，多数矸石山为露天堆积，侵占矿区土地资源，埋压原有地貌植被；其次，矸石山堆放时产生大量粉尘，将各种有害元素带入空气中，使植物生长缓慢，病虫害增多，而粉尘被人吸入后会导致鼻咽炎、气管炎等呼吸道疾病；第三，矸石山为深灰黑色，吸收太阳辐射，造成地表温度升高，遇风产生扬尘还会使建筑物失去原有的颜色，或者使空气变得污浊，遮盖矿区原有的风光，对矿区的自然景观造成不利影响。

(2) 矸石山自燃：污染矿区空气、危害人类健康

矸石中含有硫铁矿等可燃物质，当矸石山内部温度达到这些物质的燃点时，在有氧的情况下，就会导致矸石山自燃。矸石山自燃会产生SO_2、H_2S、CO、CO_2和NO_x等有害气体，影响矿区的空气质量。这些气体在空气中被氧化成酸，和雨水一起降至地面，会对土壤产生酸化作用，影响农作物的生长。煤和矸石在没有完全燃烧和裂解时，会产生一种强致癌物质苯并芘，如果空气中此类

有毒物质的含量超过一定标准，就会影响人类的健康，例如引发癌症等。

(3) 矸石山淋溶：破坏土壤结构、污染矿区水体

矸石山受到雨水冲刷后，表面的粉尘会成为水中的悬浮物，可溶解的有害物质便溶解于水中，随降雨一起进入土壤和水体。矸石山中的重金属和其他有害物质随降水流入土壤，会破坏土壤的原有结构，使土壤发生侵蚀，对土壤中的微生物产生抑制作用，妨碍植物根系的正常生长，并且会在植物体内聚积，间接影响人类的健康。矸石山的淋溶物随降水进入水体，会污染水源，使水质酸化，这种水饮用后会危害人类健康，用来养殖会致使鱼类死亡。

(4) 矸石山坍塌：危及人类生命、造成经济损失

矸石山堆积过高、坡度过大时，如果山体内部温度过高、压力过大或者受到地下开采和轻微爆炸的影响，都有可能产生坍塌、滑坡、爆炸等事故。矸石山事故的发生，不仅给矿区带来经济损失，更重要的是会危及周围居民的生命安全。

为减少矸石排放和堆积带来的危害，我国和世界其他各产煤国都对矸石山的综合治理和利用技术进行了深入研究。传统的矸石治理方法和利用途径如图 1-1 所示，主要包括对矸石山进行合理排放、覆土绿化、卫生填埋以及利用矸石发电，生产建筑材料、化工原料和化肥，作为筑路材料和充填材料等。

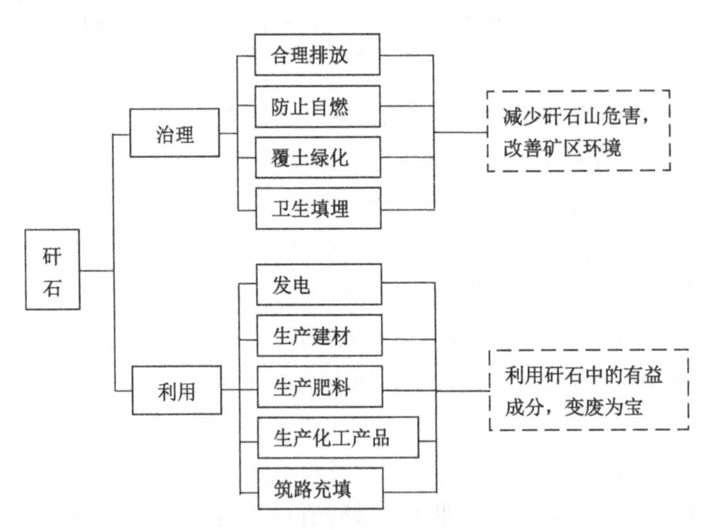

图 1-1　矸石的治理方法和利用途径

图 1-1 中所示的矸石处理方法都是在矸石排放后再对其进行治理和利用，并不能从根本上解决矸石堆积造成的环境问题。目前，我国的矸石利用率约为

40%，矸石的堆积量仍以惊人速度在增加。若要彻底解决矸石的堆积和污染问题，应该从矸石的生产源头入手，需要做到矸石少出或不出井，将矸石在井下进行处理，减轻矸石山对环境的污染，降低煤矿的运输成本，部分解决我国开采的"三下"压煤问题。

故矸石不上井是煤矿绿色开采的关键技术，也是实现矿井高效绿色开采与矿区环境协调高质量发展的迫切需要。因此，基于资源节约与环境友好的绿色开采理念提出的井下采选充一体化技术就是解决上述问题的有效途径，其技术示意如图 1-2 所示[7-9]。其中，井下煤矸分选是井下采选充一体化技术的关键环节。

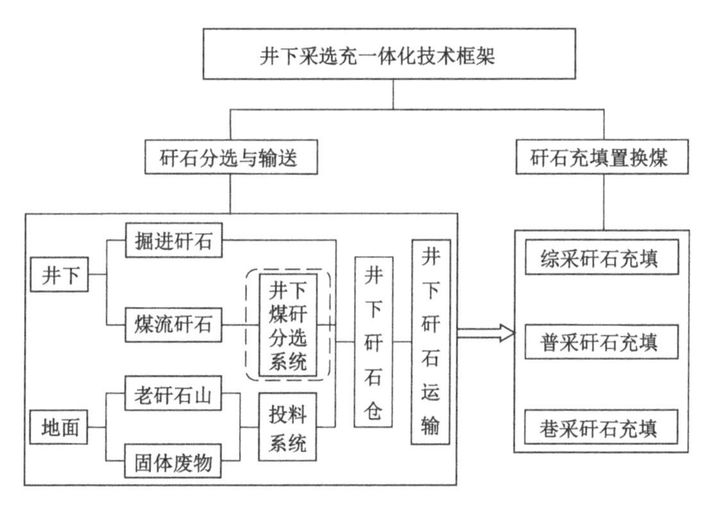

图 1-2　井下采选充一体化技术框架

综上所述，在井下对煤和矸石进行分选，并就地分别进行煤炭输送和矸石充填，实现矸石少出或不出井，具有显著的社会效益和经济效益。因此，本书基于煤和矸石的特殊物理性质，分析颗粒与反弹板的碰撞反弹和冲击破碎行为，研究弹力式煤矸分选机理和气力输送充填过程的关键特性，为实现分选和充填输送提供理论支撑。本书的研究内容是井下弹力式煤矸分选和长距离气力输送技术的关键问题，可以推动分选和输送设备的研发和应用，为实现井下安全、准确、高效地分选、输送煤和矸石提供有效途径，对减少矿区矸石污染和实现煤矿绿色开采具有重要意义。

1.2 井下弹力式煤矸分选概述

弹力式煤矸分选是一种基于煤和矸石物理机械特性差异提出的适用于井下煤矸分选的新方法，其主要思想是使煤和矸石混合物料以相同的速度进行冲击，利用二者冲击后的反弹及破碎情况差异对二者进行分选[10-12]。

1.2.1 分选流程

弹力式煤矸分选具有安全性高、处理量大、占用空间小等优点，适合在井下进行煤和矸石的初步分选。该方法主要是利用煤和矸石物理机械特性差异进行分选的，煤和矸石的粒度、形状、冲击速度以及与反弹板的接触形式等都是影响分选效果的因素。

为了降低分选难度，在进行弹力式煤矸分选前对原煤进行初级筛分破碎，将原煤破碎到 100 mm 以下，并进行筛分。筛分后的物质中，粒度在 50 mm 以下的大多是煤，由输煤皮带直接运输至井下煤仓；粒度在 50～100 mm 之间的煤矸混合物则作为待分选的对象被送入分选设备。分选后的煤运输至井下煤仓，而矸石则运输至指定位置进行充填。基于以上思路，井下弹力式煤矸分选的分选流程如图 1-3 所示。

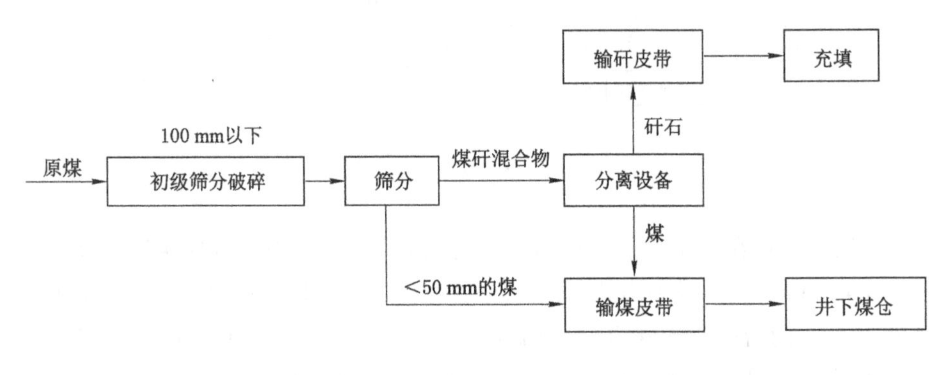

图 1-3 分选流程

弹力式煤矸分选作为煤和矸石在井下的初步分选，煤颗粒运输至地面后需要根据用户对煤炭质量和品种的要求进行精选。因此，从煤矿的综合效益和避免资源浪费角度考虑，井下弹力式煤矸分选的原则是运输至井上的煤颗粒中可以含有少量矸石，而用于充填的矸石颗粒中不含煤或者尽量少含煤，简称为“煤中可以含矸，矸中不能含煤”。

1.2.2 实现途径

煤和矸石都是准脆性物质，二者与反弹板接触后会产生两种结果：完整反弹和破碎回弹。由于煤和矸石的物理性质不同，当二者以相同的速度进行冲击时，其接触应力、反弹和破碎情况都不相同，利用二者在反弹距离与破碎粒度上的差异都有可能实现分选。因此弹力式煤矸分选有两种实现途径：反弹距离分选和破碎粒度分选。

(1) 反弹距离分选

反弹距离分选的原理如图 1-4 所示。煤和矸石以相同的速度向反弹板进行冲击，当速度较低时，二者都不发生破碎且被反弹，其反弹距离会存在一定的差异。当速度增大到某一数值后，矸石不破碎而部分煤破碎，矸石的反弹距离和破碎后煤的回弹距离也会存在差异。因此，控制冲击速度，增大二者反弹后的距离差异，可以根据反弹距离不同将煤和矸石分选。

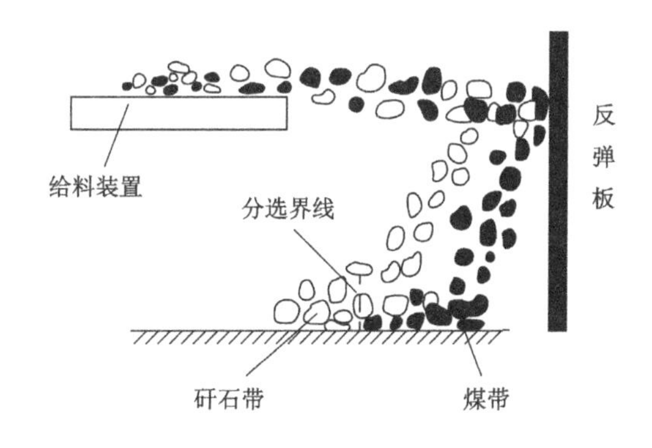

图 1-4 反弹距离分选原理

煤和矸石的物理性质比较接近，二者反弹后很难产生明显的分选界线，在煤带和矸石带之间会出现煤和矸石的混合带。根据“煤中可以含矸，矸中不能含煤”的分选原则，应将分选界线划在混合带和矸石带的边界处，如图1-4所示。

(2) 破碎粒度分选

破碎粒度分选的原理如图 1-5 所示。当冲击速度增大到一定数值后，煤和矸石都会出现破碎回弹。由于破碎消耗了部分能量，破碎后煤和矸石颗粒的回弹距离都很小，难以按照距离将二者分选，此时可以控制二者的破碎粒度范围，使煤破碎到某一粒度值以下，矸石破碎到该粒度值以上，通过筛分实现煤和矸石分选。

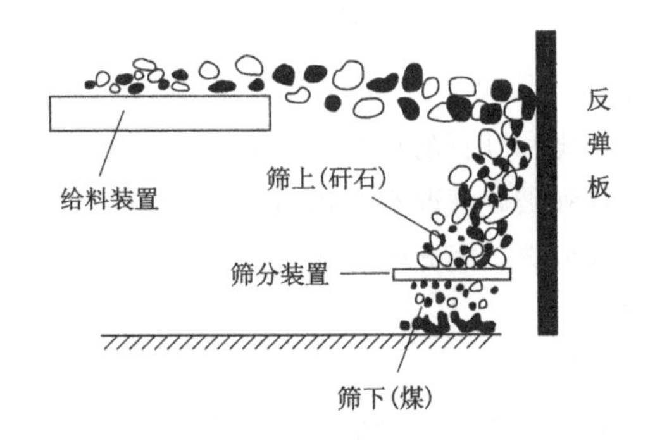

图 1-5　破碎粒度分选原理

1.3　煤炭和矸石气力输送技术概述

1.3.1　气力输送

根据管道内部气体的压力状态不同,气力输送系统可分为正压输送和负压输送,如图 1-6 所示。正压输送系统如图 1-6(a)所示,动力气源风机位于输送系统前端,物料经供料器喂入输送系统后,在加速室内实现物料和气流混合,并在高于环境压力的气流作用下在管道内输送,当物料到达输送系统终点后,经集料仓收集实现气固分离,气体经过滤后排入环境或重新收集利用。正压输送可用于物料由一处输送至一个或多个集料仓工况,适合较高容量和较远距离的输送。

负压输送系统如图 1-6(b)所示,动力气源风机位于输送系统末端,由于管道内气体压力低于环境压力,物料与介质气流一同进入输送系统进行混合输送,当物料达到输送终点时,物料和气体在集料仓分离,物料由卸料器卸出,气体经除尘器净化后由风机排入环境或被重新收集利用。负压输送可用于物料由一处或多处输送至一个集料仓工况,由于真空度限制,较正压输送系统输送距离短,且对颗粒的流动性要求高。

气力输送系统根据输送时料气比(物料与气流的质量比)的大小可分为稀相输送和浓相输送。对于稀相输送系统,物料速度与气流速度接近,因此系统能耗高,物料破碎和管道磨蚀严重。对于浓相输送系统,尤其依靠静压输送的浓相输送系统,系统输送速度低,可有效降低物料破碎、管道磨蚀及系统能耗,

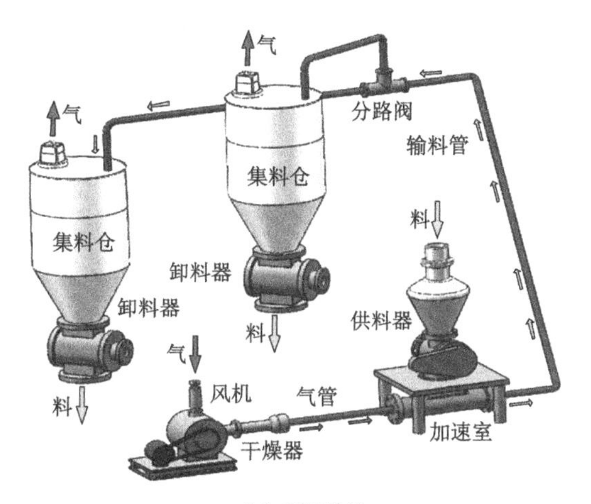

(a) 正压输送

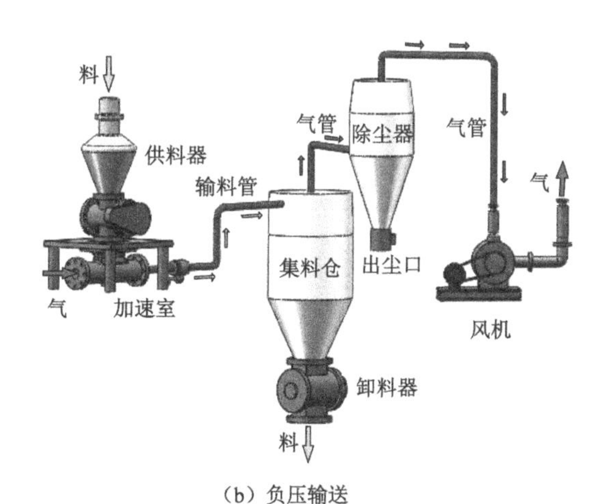

(b) 负压输送

图 1-6 气力输送系统

且输送终端气固分离容易,但该输送技术仅适用于存气性较好的物料。

1.3.2 煤和矸石气力输送技术

煤和矸石长距离气力输送系统既要求煤和矸石颗粒在管道内安全、高效输送,又需保证物料不发生显著破碎、不形成管道堵塞,故应采用正压输送,并尽量以浓相形式输送。由于煤和矸石颗粒形状不规则、颗粒尺寸和质量均较大、颗粒粒度分布广,对系统的输送速度、输送压力、料气比等操作条件要求不尽相同,单一操作条件难以合理匹配。为适应煤和矸石颗粒复杂的输送条件需求,利用旋流气力输送在局部调节输送气流的速度大小和分布，减少颗粒破碎并避免管道堵塞。

煤和矸石长距离气力输送系统如图1-7所示。压缩空气在进入输送系统之前首先经储气罐稳压和干燥器滤水，储气罐用于保证输送压力稳定，干燥器用于过滤压缩空气由于压力变化析出的水分，避免粉与颗粒黏结影响颗粒流化并产生管道堵塞。颗粒在进入输送系统之前首先进行初级破碎，然后经旋转给料器均匀添加至输送管道，避免颗粒尺寸过大和落料不均匀导致的输送压力要求过高和管道堵塞。干燥压缩空气经整流器整流后由起旋装置引导产生旋流，颗粒和旋气流在加速室进行充分混合、流化、加速后进入输料管道实现初步输送。随着气流和颗粒输送，在颗粒-气流、颗粒-颗粒、颗粒-管壁相互作用下，旋流逐渐衰减为轴流或湍流，需在管道适当位置安装起旋装置，避免颗粒沉积产生管道堵塞。颗粒输送至弯管时，由于管道方向改变导致气流和颗粒速度被强制改变，成为颗粒破碎和管壁磨损最为严重的位置，需在弯管前端增设起旋装置，引导颗粒以螺旋形式运动，避免与管壁发生正面高速碰撞，减缓冲击。

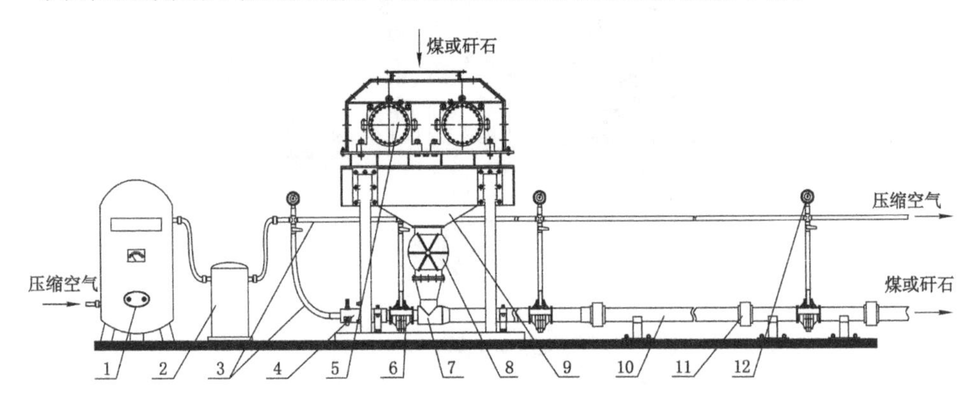

1—储气罐；2—干燥器；3—气管；4—整流器；5—破碎机；
6—起旋装置；7—加速室；8—旋转给料器；9—缓冲料仓；10—输料管；11—管道连接器；12—压力表。

图1-7　煤和矸石长距离气力输送系统

1.4　国内外研究及发展现状

1.4.1　煤矸分选方法

物料分选的依据是待分选物质物理化学性质的差异，国内外学者根据煤和矸石的性质差异发展了不同的煤矸分选方法。重介分选[13-15]、跳汰分选[16-18]和风选[19-20]是以煤和矸石的密度差异为基础发展起来的分选方法。其中重介分选和跳汰分选是目前选煤厂中常用的分选方法;浮选是按照煤和矸石表面润湿性差异进行分选的方法;按照煤和矸石的光泽、灰度和外观形状差异进行分选的方法有人工手选和灰度识别自动分选[21-22]、机器视觉[23-24]光谱成像分选[25-26];按照煤和矸石对光能的透射差异进行分选的方法有双能 γ 射线分选[27-29]、激光雷达成像分选[30]和 X 射线分选[31-32];按照煤和矸石的破碎力差异进行分选的方法有选择性破碎分选[33-34]。

1.4.2 动态接触问题

对接触问题的研究最早由 Hertz 在 1882 年的论文《论弹性固体的接触》中提出,他通过研究透镜在接触力作用下发生的弹性变形是否对干涉条纹有显著影响,提出了椭圆接触面假设,并在此基础上得到了弹性位移。该理论适用于无摩擦表面和理想弹性固体的情况。20 世纪 50 年代以来出现的关于接触理论的专著[35-37],详细总结了接触理论的相关研究成果。由于实际工程问题的复杂性,许多接触模型都无法得到解析解,于是出现了多种数值求解方法。这些数值求解方法极大地推动了接触问题的理论研究,成为研究接触问题的重要工具[38-43]。

早期对接触问题的研究都是针对静态接触,即假设接触时加载速度很慢,物体间的接触都在静态条件下发生。然而实际条件下物体间的接触多是突然加载,此时物体的动力响应对接触力有很大的影响,对动态接触问题的研究可以分为理论及计算方法研究和实验及应用研究两方面[44-48]。

1.4.3 颗粒物质的冲击碰撞行为

(1) 颗粒物质的碰撞模型研究

颗粒系统是指由粒径大于 1 μm 的大量固体颗粒组成的复杂系统[49]。由于自然界和生产生活中存在很多的颗粒系统,对颗粒物质行为的分析和控制成了一个很重要的研究方向[50-56]。

颗粒碰撞行为是颗粒物质间的典型动力学行为之一。使用传统的球体接触理论对其进行求解,由于计算过程繁琐,难以得到推广应用。特别是颗粒群的碰撞计算,如果应用球体接触理论,即使借助于先进的计算机技术仍然很难获得计算结果。为此,人们通过简化处理提出了适用于颗粒碰撞的计算模型。

目前常用的处理颗粒碰撞的简化模型有软球模型和硬球模型两类。

软球模型是1979年美国学者Cundall和Strack首次提出的用来对颗粒物质进行离散模拟的方法[57]。该模型把颗粒碰撞过程中复杂的接触行为进行简化,用弹簧和阻尼器代替颗粒间的法向作用力,用弹簧、阻尼器和滑动器代替颗粒间的切向作用力。弹簧用以表示颗粒的弹性变形,阻尼器和滑动器则消耗颗粒的动能,用以表示颗粒的塑性变形[58]。软球模型不需要考虑力的加载历史,只通过颗粒间的位置对接触力直接进行计算,非常适合工程问题的求解。近些年,众多学者对该模型进行了改进[59-64],使其不断完善,成为应用较广泛的模拟颗粒碰撞的方法[65-71]。

硬球模型是软球模型的进一步简化,该模型假设两个颗粒在特定的颗粒流中发生碰撞时,不需要考虑变形和接触力等细节,只需确定两颗粒碰撞后的速度。因此,该模型对颗粒碰撞作了如下两点假设:① 在任一时刻颗粒间的碰撞都只是两体碰撞;② 颗粒间的碰撞点仅为两颗粒的接触点。硬球模型忽略了颗粒变形,无法描述颗粒体系的内在物理机制,目前只用于颗粒运动剧烈或者颗粒稀疏的特殊颗粒体系中[72-77]。

(2) 颗粒物质的碰撞率和碰撞检索方法研究

颗粒碰撞率是指颗粒因为轨迹交叉在单位时间单位体积内发生碰撞的次数[78],颗粒物质的碰撞检索方法是准确获得颗粒碰撞率的基础,国内外学者对碰撞率和碰撞检索方法都进行了大量的研究,得到了单颗粒碰撞频率的公式,进而获得了颗粒碰撞率的计算模型[79];尝试提出适用于含有碰撞和聚合颗粒的均匀两相湍流的惯性颗粒碰撞率的预测模型,并指出影响该预测模型的因素为由湍流引起的颗粒相对运动和导致碰撞率增大的累积效果[80];针对圆柱-圆柱和圆柱-平面的碰撞检索进行了理论、仿真和试验研究,建立了圆柱颗粒碰撞检索的模型,得出了接触位置、接触重叠量和接触法向的计算公式,并指出该算法对真实圆柱行为的预测比胶合球近似圆柱更准确[81-82];改进八叉树大小邻居搜索算法,在原有算法基础上提出了多重八叉树搜索算法,该算法对颗粒尺度分布不同的系统都具有很好的适应性,可以快速判断颗粒间的碰撞[83];提出颗粒离散单元的HACell碰撞检索算法,并将其用于自密实混凝土的三维离散元模拟,结果表明该算法具有网格划分方便、计算复杂度低等优点,能有效减少数值模拟时间[84]等。

1.4.4 颗粒冲击动力学特性研究

(1) 冲击反弹研究

国内外学者对冲击碰撞后反弹行为的研究主要以反弹参数的确定为目标[85-89]，通过理论或实验获得恢复系数等反弹参数。例如：用有限元法研究了球体正碰撞墙壁的反弹行为，发现小塑性变形冲击的恢复系数主要取决于冲击速度和屈服速度的比[90]；通过实验测量了直径为44.5 mm的钢珠与钢平面碰撞后的冲击特性，包括法向恢复系数、切向恢复系数、脉冲比、动摩擦系数、角速度和接触点的反弹角度等，并证明无初始自旋斜碰撞的结果与刚体理论符合，有初始旋转的斜碰撞与滚动或微滑动碰撞模型不一致[91]；研究给出物体与细长杆发生弹性碰撞时求解恢复系数的一种方法，并指出在弹性碰撞阶段，恢复系数与靶体的材料性质、碰撞物体质量比和靶体的支承条件等有关，但是与碰撞物体的初始速度无关[92]；采用数值模拟方法分别对恢复系数模型、IMPACT函数模型、迟滞阻尼模型进行了分析，得出了三种模型的使用条件，为数值模拟时接触碰撞模型的选择提供了依据[93]。近年来也有尝试探索粒子分离器粒子轨迹数值模拟新方法，并验证了其在沙粒与壁面碰撞反弹中的应用[94]；针对大颗粒固液两相流进行实验研究，得出适用于大颗粒固液两相流数值计算的碰撞反弹模型，对颗粒和壁面的碰撞反弹进行修正[95]；通过高速摄影技术对颗粒与壁面碰撞后的恢复系数、运动轨迹以及液桥变化规律等进行分析，揭示了两种碰撞情况下颗粒反弹恢复系数的变化规律，并对比讨论了干、湿碰撞后颗粒能量损失的主要原因，总结了两种状态下颗粒与壁面碰撞反弹数学模型[96-97]；以及颗粒-壁面碰撞建模与数据处理[98]和沙粒壁面碰撞模拟[99]。

(2) 冲击破碎研究

冲击破碎是使材料发生破碎的主要方法之一。针对冲击破煤破岩[100-105]、颗粒冲击破碎[106-111]、板材受冲击发生破碎[112-115]等研究和应用方向，国内外学者对其破碎机理和破碎响应进行了大量理论和实验研究。但是这些研究主要是针对弹塑性体或者完全脆性材料进行的，本书研究的内容为准脆性颗粒的冲击破碎，国内外学者在此方面的理论研究较少，多是通过实验和仿真对其破碎特性进行研究。如采用离散元模拟和实验方法分别对针状颗粒(如苏氨酸晶体和圆柱状 Al_2O_3 聚合物)的破碎行为进行了研究，发现 Al_2O_3 聚合物在冲击载荷作用下沿圆柱的轴向出现破碎，而苏氨酸晶体由于横向裂纹的出现会产生两到三个碎片[116]；利用离散单元法分别对球体、立方体和圆柱体聚合物在冲击速度为1 m/s时的破碎行为进行了模拟和分析，研究表明聚合物的内在破坏与颗粒到达接触点后的减速形式有很大关系，非球形聚合物内部的微观结构并非颗粒破坏模式的决定性因素[117]；以及相关研究在其他领域如振动筛[118]、料仓[119]、滑坡[120]、气固两相流[121]和液固两相流[122]中的应用。

1.4.5 气力输送中的颗粒运动形态特性和输运机理研究

气力输送中的颗粒运动形态特性和输运机理是在相间曳引和接触碰撞作用下，由于动量传递和耗散引起颗粒运动状态改变的描述，其本质是颗粒运动方程的封闭，当前研究主要集中在床层表面颗粒起动、悬浮和沉积等临界过程的运动形态及其对应的边界条件，以及床层内部颗粒的运动状态特性及空间结构等方面。Kalman 等[123]采用修正雷诺数和修正阿基米得数指数方程，描述颗粒运动状态转换及对应的各临界气流速度；还有学者进行不同混合[124]、不同尺寸和形状[125]以及不同种类和边界条件下[126]颗粒的临界运动研究。针对床层内部的颗粒运动研究相对较少，Gao 等[127]研究了不同输送介质下颗粒集中浓度与充电强度的关系；Fu 等[128]采用静电信号重构了不同尺度单颗粒和颗粒团的多尺度运动特性。类似地，流化床内颗粒径向和轴向空间结构的运动过程描述相对详备[129]，混合、粗糙和黏附颗粒的动理学机理和运动过程封闭模型也极深研几[130-133]。还有学者从力链角度解释颗粒介质传输问题，认为密集流动区域以打破力链自锁实现，底部准静态推移则通过力链克服颗粒间及其与壁面的摩擦力实现整体滑移，并且力链对颗粒间接触应力、摩擦系数、恢复系数等均有影响[134]。

1.4.6 研究中存在的问题

从前面煤矸分选方法、动态接触问题、颗粒物质碰撞行为、颗粒冲击碰撞动力学特性以及气力输送中的颗粒运动形态特性和输运机理的研究现状可以看出上述各方面的相关文献都比较多，但是针对本书要应用的具体工况条件和研究对象所进行的研究却很少。本书研究中仍存在以下几方面的问题：

(1) 井下煤矸分选方法仍有待改进。在地面上使用的煤矸分选方法存在体积过大、结构复杂、需要分选介质或者有安全隐患等缺点，无法直接应用于井下；已经在实验阶段的井下煤矸分选设备，大多需要排队机构，处理量有限，并且结构过于复杂，没有通用性。因此，还需要继续研究新的适用于井下的煤矸分选方法。

(2) 冲击碰撞接触问题很少涉及准脆性材料。目前对动态接触、冲击反弹问题的研究以弹性体居多，少数涉及了弹塑性问题，只有极少数的文献讨论了脆性材料的冲击接触问题，但是多为玻璃、陶瓷等材料，且都简化为球体。本书要对准脆性材料煤和矸石进行研究，目前还没有这方面的文献。

(3) 研究对象多为被冲击物体。在对冲击破碎的研究中,被冲击物体多为破碎物体,但是在本书的研究中冲击物体是破碎物体。由于破碎物体自身具有动能,受冲击后的能量变化与静止物体受冲击的情况存在一定差异,因此不能直接应用已有研究成果。

(4) 清晰明确的运动形态和输运机理是煤和矸石颗粒实现稳定长距离气力输送的基础,且相间曳引和接触力链是不同聚集区域颗粒运动形态特性和输运机理的合理解释。但是,目前研究多针对单一运动形态,未考虑颗粒流从准静态型到气相型多元运动状态的交叠和转换。

1.5 本书的主要内容

根据前面的分析,现有的研究成果都不能直接应用于井下弹力式煤矸分选的研究,需要结合煤和矸石的特性对已有方法进行改进,得到合适的各种计算模型。因此本书以煤和矸石颗粒为研究对象,结合弹力式煤矸分选方法,以实现煤和矸石的成功分选为目的,对煤和矸石颗粒在碰撞反弹和冲击破碎过程中的动力学行为进行研究。其主要研究内容包括以下几个方面:

(1) 分析煤和矸石与弹力板碰撞过程的运动学和动力学,推导出用于确定煤和矸石在弹力作用下的反弹距离和破碎冲击速度的理论模型。通过大量的单颗粒煤和矸石冲击试验,得出了煤和矸石在弹力作用下的反弹距离分布情况及煤和矸石弹力破碎时的破碎情况,对其影响因素进行了分析,并依据试验结果对理论公式进行修正。

(2) 基于冲击破碎理论及煤和矸石的特性,分析煤和矸石的选择性破碎过程,根据理论计算得出了煤和矸石冲击破碎的临界速度,验证了选择性破碎的可行性。通过对采集到的三个地区矿的煤和矸石进行分级的冲击实验,获得了它们在不同冲击速度下的破碎情况,利用统计学方法进行数据处理,得到了各矿煤和矸石冲击速度与破碎率的关系曲线和方程,并拟合得到煤的硬度与破碎率达到 95%时所需冲击速度的关系曲线与方程。

(3) 为更准确地分析和预测煤和矸石弹力破碎的情况,依据试验数据构建了 BP 人工神经网络,并进行预测分析。经试验验证,所建立的人工神经网络解决了多因素多目标回归拟合困难、准确度低的问题,且方法简单实用,预测效果良好。引入丢煤率和混矸率两个指标对分选效果进行评价,并得出其计算公式。

(4) 以流体力学、气固两相流和颗粒系统动力学为基础，分析稠密煤颗粒输送时的相间阻力、升力、诱导扭矩等动量汇源项以及两相之间的湍动耦合传递过程，建立密相煤颗粒气力输送系统气固两相控制模型，采用数值和试验相结合方法获得颗粒在临界起动过程中的动力学系统参量的时间序列，探究其输送行为动力学规律，揭示密相气力输送过程的理论机制；提取料栓煤颗粒团聚、弥散的形式和速度变化历程，明确多尺度混合煤颗粒密相气力输送流型识别及划分判据，进而进行多尺度混合煤颗粒栓流气力输送料栓全周期试验观测和数值模拟研究，获得颗粒由固栓到散栓过程中的颗粒输运形状、颗粒速度、料栓速度，以及料栓弥散过程颗粒动力学参量变化历程，为实现煤矸颗粒稳定密相气力输送提供支撑。

(5) 根据煤和矸石长距离气力输送系统对优化气流装置的需求特征，研制优化流场产生装置，通过对料仓、供料器、仓泵、旋转阀、除尘器等散体物料气力输送系统关键装备全周期优化设计，研发适于复杂工况的高鲁棒性成套装备；进行多智能体气力输送信息一体化研究，构建分层分布式的气力输送成套设备在线监测和远程维护系统，基于多智能体物联与信息集成技术研发散体物料气力输送多智能体的一体化信息平台和运维交互软件。

2 井下弹力式煤矸分选理论基础

2.1 井下弹力式煤矸分选的提出

2.1.1 弹力分选和井下弹力式煤矸分选

弹力分选是利用运动物体与弹力作用板碰撞产生弹力，在弹力作用下出现不同的反弹速度和反弹轨迹，并以此来分选物料的方法，主要应用于垃圾中金属和塑料等较软物质的分选。将弹力分选应用于煤和矸石分选，即为弹力式煤矸分选，它是利用煤和矸石与钢质弹力作用板碰撞时，弹力对煤和矸石产生不同的作用效果实现煤和矸石的分选。井下弹力式煤矸分选就是弹力式煤矸分选在井下的应用。

垃圾分选时，由于金属和塑料具有很大的性质差异，弹力分选应用效果较好。而将其用于煤矸分选时，由于煤和矸石的性质差异不如金属和塑料悬殊，单纯依靠反弹距离不同难以实现所有矿井煤和矸石的分选。所以，弹力式煤矸分选必须在原有弹力分选基础上进行发展，以改善其应用效果。

煤和矸石以相同初速度与弹力作用板碰撞时，在不同的冲击速度作用下会发生反弹或者破碎。当冲击速度较小时，煤和矸石都会出现反弹现象；当冲击速度增大到一定数值时，由于矸石相对煤的硬度较大，会出现煤块破碎而矸石不破碎的现象。这两种现象，正是弹力式煤矸分选得以实现的基础。当以较小的冲击速度作用时，煤和矸石仅发生反弹现象，由于煤和矸石的碰撞恢复系数不同，产生不同的反弹速度和反弹轨迹，以此实现分选，称之为碰撞反弹分选；当上述现象不明显时，可进一步增大冲击速度，由于煤和矸石的破碎力不同，出现煤破碎而矸石不破碎的现象，再根据两者的粒度差异，通过筛分进行分选，称之为弹力破碎分选。

在煤炭开采过程中，原煤除由采煤机滚筒截割生产外，部分还由顶板冒落和片帮产生，通常情况下，该部分的粒度与滚筒截割生产的原煤粒度相比较大。原煤的粒度不均匀使分选的难度增加，因此在分选之前需将原煤进行初级破碎。根据经验，初级破碎粒度设为 100 mm。另外，大量的开采经验表明，滚筒采煤机采煤时，粒度小于 50 mm 的颗粒基本为煤块，故在研究弹力分选时认为粒度小于 50 mm 的全部为煤，不再分选。结合上述说明，井下弹力式煤矸分选的分选流程(见图 1-3)为：原煤采出后经 100 mm 破碎机初级破碎，并进行筛分，粒度小于 50 mm 的直接由输煤皮带运走；粒度位于 50～100 mm 的原煤块经加速装置，具有一定的初速度并与弹力作用板碰撞，若能直接根据反弹距离分选，则根据煤和矸石的反弹距离不同布置两条输送带，分别将煤和矸石输送至指定位置(见图 1-4)；如若反弹距离差距不明显，则调整弹射初速度，使煤破碎矸石不破碎，通过筛分，筛上物料为矸石，筛下物料为煤，并分别运出(见图1-5)。

当能实现反弹分选时，影响分选效果的主要因素是煤和矸石的反弹距离，在相同的初始弹射速度下，反弹距离主要与物料和弹力作用板之间的碰撞恢复系数有关。碰撞恢复系数是一个与碰撞材料相关的常数，实验表明恢复系数不仅和碰撞体的材质相关，还和碰撞体的初速度以及形状、内部纹理等都有关系。由于原煤采出后，其形状及内部纹理等方面具有不确定性，很难在理论上通过缜密的数学推导来确定煤和矸石的碰撞恢复系数和运动轨迹，研究时主要从试验入手，寻找煤和矸石的反弹规律。

当不能依靠反弹分选时，通过调整冲击速度以实现煤破碎矸石不破碎，根据粒度差异来实现分选，并且煤块破碎后的粒度也与冲击速度的大小有直接关系。可见，冲击速度是弹力分选以何种形式实现的关键，因此冲击速度是研究的重点。

由于原煤中煤和矸石形状的复杂性及性质的类似性，弹力分选还没有应用于煤矸分选中，也没有系统的分选理论。再者，井下弹力式煤矸分选具有结构简单、占用空间少等优点，符合井下的生产要求。因此，对井下弹力式煤矸分选进行研究，具有重要的理论意义和实用价值。

2.1.2 弹力式煤矸分选的影响因素

井下弹力式煤矸分选有碰撞反弹和弹力破碎两种可能实现途径，因此需对影响这两个方面的煤和矸石的性质进行分析。

实现碰撞反弹分选的依据是煤和矸石的碰撞恢复系数不同，虽然恢复系数的详细机理尚未研究清楚，但大体上应与煤和矸石的弹性模量、泊松比等相关。有研究表明，恢复系数和碰撞的冲击速度也有一定的关系，碰撞速度较小时，恢复系数为一个常数，碰撞速度增大到使物料发生破碎时恢复系数的值减小，当碰撞速度继续增大到使物料破碎成较多颗粒时恢复系数则接近于零。

实现弹力破碎分选的依据是煤和矸石的破碎载荷不同，影响煤和矸石破碎载荷的因素很多，既包括煤和矸石本身的因素，如矿物成分、结晶程度、颗粒大小、颗粒联结及胶结情况、密度、层理和裂隙的特性和方向、风化程度和含水情况等，也包括煤和矸石块体的大小、尺寸相对比例、形状、承载形式等。

下面分别对影响煤和矸石分选的主要因素作一介绍。

(1) 弹性模量

材料在弹性变形阶段，其应力和应变成正比例关系(即符合胡克定律)，其比例系数称为弹性模量，又称杨氏模量。弹性模量可视为衡量材料产生弹性变形难易程度的指标，其值越大，使材料产生一定弹性变形的应力也越大，即材料刚度越大，亦即在一定应力作用下，产生的弹性变形越小。弹力式煤矸分选的理想分选状态是在煤和矸石都不发生破碎时，仅依靠自身在碰撞反弹时的反弹距离不同而实现分选，即在分选时，煤和矸石发生弹性形变。事实上煤和矸石都不是纯弹性体，但在低载时，其变形和载荷关系也可以近似认为符合胡克定律。据统计资料，煤的弹性模量约 0.7～4.24 GPa，平均约 2.69 GPa；矸石的弹性模量约 2.01～19.37 GPa，平均约 10.35 GPa。

(2) 泊松比

材料在比例极限内，由均匀分布的纵向应力所引起的横向应变与相应的纵向应变之比的绝对值称为泊松比，泊松比也是反映材料弹性的一个重要因素。一般的碰撞过程模型中计算接触强度都与泊松比有关。煤的泊松比约 0.11～0.38，平均约 0.23；矸石的泊松比约 0.15～0.34，平均约 0.24。

(3) 强度

煤的强度是指煤在一定条件下受力的作用开始破坏时的极限应力值。煤质材料的强度用不同的测定方法可以得到抗压强度、抗剪强度和抗拉强度，这三种强度在数值上大约有如下关系：

$$抗压强度(\sigma_y):抗剪强度(\sigma_s):抗拉强度(\sigma_t)=1:0.3:0.1$$

不同矿区煤岩强度不同，其影响因素很多，如煤岩不均匀性、不单一性和煤岩体内不同构造特性(如：层理、节理、断裂和裂缝、裂缝密度、裂缝倾角以及充填材料等）。

（4）坚固性系数

坚固性系数 f 又称坚硬度，由苏联学者普罗托季雅柯诺夫于 1926 年提出，因此又称作普氏系数，是衡量煤和矸石破碎难易程度的主要指标。它综合反映了煤和矸石的强度、硬度和弹塑性等因素。

我国通常根据煤的坚固性系数 f 来划分各种采煤机械的适用煤层，并依据该系数对煤炭进行分类，规定 $f=3\sim4$ 的煤为硬煤，$f=1.5\sim3$ 的煤为中硬煤，$f<1.5$ 的煤为软煤；而矸石的普氏系数一般在 4 以上，随矿区的不同存在差异，这为弹力破碎分选提供可能。普氏系数和抗压强度存在这样的近似关系：$\sigma_y=10f$(MPa)。

（5）接触强度

为了能够在宏观上表示煤和矸石在与弹力作用板接触时的表面强度，引用接触强度这一概念。接触强度可按多次实验测定压头上的载荷值 p_i 与压头下的表面积 s 之比进行统计计算：

$$p=\frac{\sum_{i=1}^{n}p_i}{ns} \tag{2-1}$$

式中　p——岩石材料接触强度，Pa；

p_i——每次岩石材料脆性破坏的瞬间压头载荷，N；

n——压头下压次数；

s——压头下的表面积，m^2。

在实际计算中，也常采用 Hertz 接触强度对碰撞接触模型进行相关计算。

2.2　弹力式煤矸分选的碰撞过程分析

原煤采出后，其性质和形状都极其复杂且不确定。在研究碰撞反弹分选时，假设整个碰撞过程均在满足煤和矸石均不发生破碎的前提下进行，并且煤和矸石的形状都比较规则。

2.2.1　碰撞过程运动学分析

碰撞反弹简化模型如图 2-1 所示，原煤经初级破碎后，由加速装置将质量为 m 的原煤块加速至速度 v 后，在距弹力作用板距离为 L、距地面高度为 H 的 B 点抛出，原煤块在 C 点和弹力作用板碰撞后，反弹至地面 D 点，D 点距弹力作

用板的距离为 S。

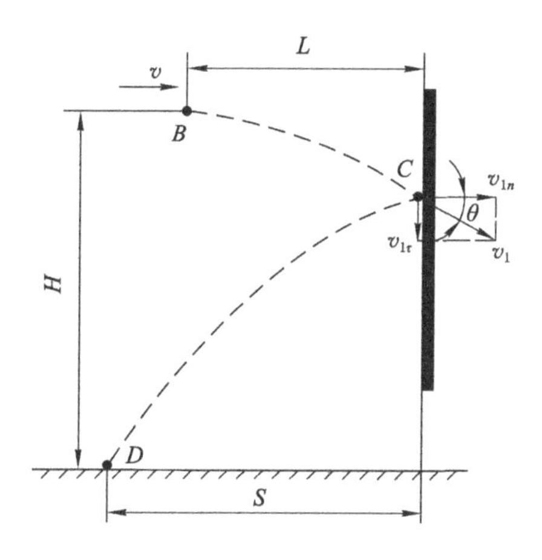

图 2-1 碰撞反弹简化模型

为便于分析对模型进行如下简化：忽略原煤块的形状因素和空气阻力；弹力作用板为厚钢板，考虑原煤块和钢材的弹性模量差异巨大，在研究过程中将弹力作用板视为刚体。

由图 2-1 可以看出，原煤块经弹射后由 B 点至 C 点过程中受重力作用，设 C 点时原煤块的速度为 v_1，水平方向的分量 $v_{1n}=v_1\cos\theta$，竖直方向的分量 $v_{1\tau}=v_1\sin\theta$，θ 为速度 v_1 和水平线的夹角，忽略空气阻力，则有：

$$v_{1n}=v,\quad v_{1\tau}=\frac{gL}{v} \tag{2-2}$$

式中 g——重力加速度，m/s^2。

此时，碰撞模型简化为质点 m 以冲击速度 v_1 与固定的弹力作用板发生斜碰撞。

在碰撞过程中原煤块和弹力作用板在碰撞点接触时既有法向速度又有切向速度，并且存在摩擦力，原煤块除发生法向变形外，还会发生切向变形。分析时采用基于动量变化定义的恢复系数，引入法向恢复系数 e_n 和切向恢复系数 e_τ[54]。

在上述碰撞模型中，碰撞过程分为压缩和恢复两个阶段，由于系统位置（弹力作用板位置）不发生改变，即弹力作用板的速度始终为 0，忽略有限力（如重力）的冲量，只考虑碰撞冲击力的冲量。

恢复系数的定义为：

$$e_n = \overline{P}_{2n} / \overline{P}_{1n} = (mv_{2n} - mv') / (mv' - mv_{1n}) = - v_{2n} / v_{1n} \tag{2-3}$$

式中 $\overline{P}_{1n}$,$\overline{P}_{2n}$——碰撞压缩和恢复阶段的原煤块冲量,N·s;

v'——碰撞压缩完成、恢复阶段开始时原煤块的速度,$v'=0$ m/s;

v_{1n},v_{2n}——碰撞前、后物料块速度的法向分量,m/s。

根据恢复系数的定义有:

$$v_{2n} = - e_n v_{1n}, \quad v_{2\tau} = - e_\tau v_{1\tau} \tag{2-4}$$

据此计算得到物料块的反弹距离为:

$$S = |v_{2n} t| = v_{2n} \sqrt{v_{2\tau}^2 / g^2 + 2H/g - L^2/v^2} - v_{2n} v_{2\tau} / g \tag{2-5}$$

将式(2-2)、式(2-4)代入式(2-5)可得:

$$S = e_n \sqrt{(e_\tau^2 L^2 g + 2Hv^2 - L^2 g)/g} - e_n e_\tau L / v \tag{2-6}$$

在弹力式煤矸分选中,初始切向速度较法向很小,C 点的切向速度主要由重力作用形成,对反弹结果造成的影响很小,故忽略式(2-6)中切向因素对反弹距离的影响,并认为 $v_1=v$,用 e 统一表示恢复系数,式(2-6)简化为:

$$S = e \sqrt{(2Hv^2 - L^2 g)/g} \tag{2-7}$$

可以看出反弹距离除与初始的具体参数相关以外,主要和碰撞恢复系数有关,而煤和矸石的碰撞恢复系数不同,所以两者的反弹距离也不同,证明在理论上依靠反弹距离分选可行。

2.2.2 碰撞过程动力学分析

煤和矸石块与弹力作用板的碰撞过程可以分为压缩阶段和恢复阶段两个阶段,它们在煤和矸石变形量达到最大时转变。由于煤和矸石块在采出后存在一定的裂隙,因此在碰撞开始时存在一个压密阶段,故在恢复阶段煤和矸石的变形不能完全恢复;并且由于煤和矸石的内部结构发生变化,两个阶段的接触刚度也不相同。另外,煤和矸石都是明显的非线性物质,进行碰撞动力学分析时应选用非线性模型。

在此将弹力式煤矸分选碰撞过程简化为一个分段表示的非线性接触模型:

$$P(x) = \begin{cases} k_{n1} x^n & x \geqslant 0, \quad \dot{x} > 0 \\ k_{n2} (x - x_0) n & x \leqslant x_0, \quad \dot{x} < 0 \\ 0 & \text{else} \end{cases} \tag{2-8}$$

式中 $P(x)$——接触力,N;

x——变形量,m;

n——变形量幂次，$n=1.5$；

k_{n2}——恢复阶段的接触刚度，N/m；

x_0——煤和矸石发生不可逆变形量，m；

k_{n1}——压缩阶段的接触刚度，$k_{n1}=\dfrac{4}{3\pi(\sigma_1+\sigma_2)}\left(\dfrac{r_1r_2}{r_1+r_2}\right)^{\frac{1}{2}}$，$\sigma_i=\dfrac{1-\nu_i}{\pi E_i}$，$i=1,2$。

其中 E_i、ν_i 和 r_i 分别为煤或矸石块和弹力作用板的弹性模量和泊松比及接触半径，下标“1”表示煤或矸石块，下标“2”表示弹力作用板。

由于 $r_2\to\infty$，故接触刚度 $k_{n1}=\dfrac{4\sqrt{r_1}}{3\pi(\sigma_1+\sigma_2)}$，$\sigma_i=\dfrac{1-\nu_i}{\pi E_i}$。

根据弹性力做功的原理，在压缩阶段和恢复阶段分别有：

$$\begin{cases}\dfrac{1}{2}mv_1^2=\displaystyle\int_0^{\delta}k_{n1}x^{\frac{3}{2}}\mathrm{d}x=\dfrac{2}{5}k_{n1}\delta^{\frac{5}{2}}\\[2ex]\dfrac{1}{2}mv_2^2=\displaystyle\int_{\delta}^{x_0}k_{n2}\ (x-x_0)^{\frac{3}{2}}\mathrm{d}x=\dfrac{2}{5}k_{n2}\ (\delta-x_0)^{\frac{5}{2}}\end{cases}\tag{2-9}$$

式中　v_2——碰撞结束后煤和矸石块的反弹速度，m/s；

δ——煤和矸石块的最大变形量，m。

根据式(2-9)得到：

$$e^2=\frac{v_2^2}{v_1^2}=\frac{k_{n2}}{k_{n1}}\left(\frac{\delta-x_0}{\delta}\right)^{\frac{5}{2}}\tag{2-10}$$

$$\delta=\left(\frac{5mv_1^2}{4k_{n1}}\right)^{\frac{2}{5}}\tag{2-11}$$

根据在碰撞压缩结束和恢复开始时，即在变形量达到最大值时接触力相等可得：

$$P_{\max}=k_{n1}\delta^{\frac{3}{2}}=k_{n2}\ (\delta-x_0)^{\frac{3}{2}}\tag{2-12}$$

结合式(2-10)有：

$$k_{n2}=\frac{1}{e^3}k_{n1}\tag{2-13}$$

且不可恢复的变形量为：

$$x_0=(1-e^2)\delta\tag{2-14}$$

通过对煤和矸石块与弹力作用板的碰撞过程分析，得到煤和矸石在弹力作用下的运动和受力情况，为计算冲击速度奠定基础。

2.3 弹力式煤矸分选的冲击速度

上一节是在假设煤和矸石块在碰撞过程中满足不破碎的前提下进行，而事实上，煤和矸石块在冲击反弹时存在一个速度上限，即煤块发生冲击破碎时的最小冲击速度。当冲击速度达到煤破碎的冲击速度时，煤块就会发生破碎，此时可以根据煤和矸石之间的粒度差异进行筛分分选。

冲击反弹和弹力破碎所需的冲击速度存在差异，而且破碎后煤块的粒度分布也和冲击速度有关。因此冲击速度是弹力式煤矸分选的重点研究内容。本节首先依据裂纹扩展理论求出煤矸发生破碎的冲击速度，再依据裂缝假说确定破碎至指定粒度的冲击速度。

2.3.1 基于裂纹扩展理论的破碎冲击速度

裂纹扩展理论虽然不能囊括破碎的所有形式，但却适用于一般的破碎过程。对于煤和矸石而言，它们既有隐藏的裂纹缺陷，又有易碎的破坏特征，所以研究煤和矸石的裂纹扩展条件是研究它们破碎的起始点，也是合理确定弹力式煤矸分选冲击速度的依据。

在冲击作用下，煤和矸石的强度与静载时有差异，因此分析裂纹扩展条件之前，需要分析冲击载荷作用下煤和矸石强度的变化。

无论是静载荷或冲击载荷，只有当它超过某一极限时才能使煤和矸石破碎。而在冲击载荷作用下，由于载荷作用时间很短，物体的强度和硬度都会发生变化。

T. C. Baker 等在 0.01 s 到 24 h 的范围内，对玻璃和陶瓷进行了断裂强度的试验，试验结果如表 2-1 所示。从该表可以看出，加载时间 0.1 s 和 24 h 相比，后者断裂强度提高 1.5～2.4 倍；加载时间 0.01 s 和 24 h 相比，后者强度提高 1.7～3.1 倍。根据试验结果，断裂强度的倒数和加载时间的对数有线性关系，即：

$$\frac{1}{R} = b + m\ln t \tag{2-15}$$

式中 R——断裂强度，Pa；

t——载荷作用时间，s；

b,m——材料常数。

表 2-1 不同载荷作用下的断裂强度 单位：kg/mm^2

载荷作用时间/s		0.01	0.1	1.0	10	100	1 000	86 400
材料种类	退过火的派克玻璃	17.3	13.8	12.0	11.2	—	9.00	7.95
	有刻痕的派克玻璃	9.08	7.46	6.33	5.81	—	4.04	3.55
	退火铂玻璃	14.0	11.2	—	7.39	—	5.60	4.54
	退火铅玻璃	—	13.3	10.5	7.88	—	6.61	5.59
	熔化过的 SiO_2	—	16.9	—	13.9	11.0	10.05	8.27
	瓷器 A	11.1	9.77	8.65	—	6.82	—	6.40
	瓷器 B	10.85	9.5	8.37	6.97	6.61	6.40	6.27
	瓷器 C	7.67	6.61	5.91	4.86	—	4.22	4.15

在弹力式煤矸分选中碰撞作用时间很短，约为毫秒级。因此，涉及的煤和矸石的实际破碎强度与静态加载实验时所得数值会有差异。故在下面分析时采用的断裂强度为冲击载荷作用下的动态断裂强度。

在没有达到能使煤和矸石块破坏的应力值之前，外载荷在物体中的应力分布，只以弹性储能的形式积存，并且整个应力分布状态必定符合总能量最低的原理，即与邻近可能的状态相比，总是占据着能量最低的位置。载荷的稍许改变，应力分布调整到新的最小值，但并无质的变化。当弹性能的积累达到煤或矸石破坏极限之后，弹性储能不再是唯一的位能形态，还必须把表面能加入能量的平衡中去，在新的平衡中，弹性能和表面能的总和也应处于最小值。

弹力式煤矸分选中，由于煤和矸石分选前受到采煤机滚筒的截割和初级破碎作用，其内部必然存在微裂纹，为便于分析，假设裂纹在一个平面内，且裂纹形状为近似椭圆形。考虑在椭圆微裂纹附近受载时，先将岩体简化为在单位厚度的无限大平板受单向均布载荷 σ 的作用，在板的中间开一个长轴半径为 a 的椭圆孔，它的尺寸要比岩体小很多，椭圆的长轴和载荷方向垂直。有孔之后便引起孔附近岩石内部应力的重新分布。1913 年 C. E. Inglis 给出了椭圆孔附近应力状态的解，由圣维南定理可知，在离孔远处，应力分布受孔的干扰很小，基本还是均匀分布；在长轴两个端点上，产生较高的应力集中，在短轴两侧，应力被卸除，形成低应力区。当椭圆的短轴长度减小至零时，便形成一个长度为 $2a$ 的裂纹，这时在裂纹顶端附近 x 轴上某点$(x,0)$的应力 σ_y 的分布可按式(2-16)计算：

$$\sigma_y = \frac{x\sigma}{\sqrt{x^2 - a^2}} \quad (x \geqslant a) \tag{2-16}$$

式(2-16)表明，在裂纹顶端的应力应为无穷大，但实际上裂纹的短轴并非为零，其端点必有一个曲率半径 ρ，这时裂纹端点的应力值为：

$$\sigma_{\max} = \sigma(1 + 2\sqrt{\frac{a}{\rho}}) \tag{2-17}$$

当 $\rho \ll a$ 时，可以写成：

$$\sigma_{\max} = 2\sigma\sqrt{\frac{a}{\rho}} \tag{2-18}$$

当载荷 σ 和裂纹长度 a 达到某一个临界数值，正好足以使裂纹发生扩展，这种临界情况下的应力场强度因子，就称为断裂韧性 K_C，它是有裂纹材料断裂难易的一个判据。

裂纹扩展使新的表面不断增加，所以裂纹的扩展过程，也可以看作是载荷所做的功与煤或矸石的弹性能向表面能转化的过程。为方便研究，设想有一块薄板，厚度为单位 1，在板中没有裂纹时应力呈均匀分布，在一个直径为 $2a$ 的圆形面积内，所含的弹性能是：

$$U = \frac{\sigma^2}{2E}\pi a^2 \tag{2-19}$$

式中　E——岩石的弹性模量，Pa。

如果在远离两端的部位出现一条裂纹，那么在裂纹附近的应力场便会重新分布，形成一个不均匀的应力场，在裂纹中间的应力减小，而在裂纹两端应力集中。这时总的弹性能减少，减少的弹性能为：

$$U = \frac{\pi\sigma^2 a^2}{E} \tag{2-20}$$

显然裂纹长度越大，板中弹性能越少，每当裂纹两端各扩展 $\mathrm{d}a$（裂纹增长 $2\mathrm{d}a$），板中弹性能将进一步减少，释放能量的增量是：

$$\mathrm{d}U = \frac{2\pi\sigma^2 a}{E}\mathrm{d}a \tag{2-21}$$

如果释放的能量能够满足建立新表面所需的表面能，那么从能量平衡的角度看，裂纹就有可能自行扩展。用 γ 表示煤或矸石增加单位表面积所需要的表面能，裂纹增加 $\mathrm{d}a$ 时，至少需要 $4\gamma\mathrm{d}a$ 的能量（一条裂纹有两个面，裂纹向两端扩展，故系数为 4），即：

$$\mathrm{d}U \geqslant 4\gamma\mathrm{d}a \tag{2-22}$$

将式(2-21)代入式(2-22)得：

$$\frac{2\pi\sigma^2 a}{E}\mathrm{d}a \geqslant 4\gamma\mathrm{d}a \tag{2-23}$$

消去两端的 da，在临界条件下，以 σ_c 表示裂纹远处的应力临界值，有：

$$\sigma_c = \sqrt{\frac{2\gamma E}{\pi a}} \tag{2-24}$$

此即格里菲斯的裂纹扩展条件式。

对于三维的平面应变条件，裂纹的扩展条件式就变成以下形式：

$$\sigma_c = \sqrt{\frac{2\gamma E}{\pi(1-\nu^2)a}} \tag{2-25}$$

式中 ν——煤或矸石泊松比。

裂纹的扩展，除了要为新建立的表面提供足够的表面能以外，还必须使裂纹尖端所具有应力能够克服物体结构之间的结合力。亦即式(2-18)中的 σ_{max} 必须大于煤或矸石的动态断裂强度极限 R，R 由式(2-15)确定。

此即为弹力式煤矸分选在确定冲击速度时的两个约束条件：

$$\begin{cases} \sigma \geqslant \sigma_c = \sqrt{\dfrac{2\gamma E}{\pi(1-\nu^2)a}} \\ \sigma \geqslant R \end{cases} \tag{2-26}$$

式中 σ——对应冲击速度下作用于物料块内应力，Pa。对于煤和矸石内部裂纹的半长度 a，可以这样认为，当裂纹长度与煤和矸石块的直径相等时，裂纹贯穿岩体，发生破碎。故在讨论煤和矸石破碎时可将 a 等价为其尺寸半径。

根据前面的假设，煤和矸石块可近似为一个接触曲率半径为 r_1 的球体，内应力 σ 可近似为：

$$\sigma = \frac{P}{\pi r_1^2} \tag{2-27}$$

式中 P——接触区域的接触力，N。

在分段非线性接触模型中，在压缩阶段结束时变形最大，接触力也最大，得到：

$$P_{max} = k_{n1}\delta^{\frac{3}{2}} = k_{n1}\left(\frac{5mv_1^2}{4k_{n1}}\right)^{\frac{3}{5}} \tag{2-28}$$

则有：

$$\sigma = \frac{k_{n1}\left(\dfrac{5mv_1^2}{4k_{n1}}\right)^{\frac{3}{5}}}{\pi {r_1}^2} \approx 0.859\ 5\sqrt[5]{\rho^3 k_{n1}^2 r_1^{-1} v_1^6} \tag{2-29}$$

根据式(2-29)和式(2-26)可以分别确定弹力式煤矸分选的煤和矸石发生破

碎时的冲击速度：

$$v_{1m} \geqslant \max\left(0.939\ 8\sqrt[12]{\frac{\gamma_m^5 E_m^5}{k_{n1m}^4 r_{1m}^3 \rho_m^6 \ (1-\nu_m^2)^5}}, v_{1m} \geqslant 1.134\ 48\sqrt[6]{\frac{R_m^5 r_{1m}}{\rho_m^3 k_{n1m}^2}}\right) \tag{2-30}$$

$$v_{1g} \geqslant \max\left(0.939\ 8\sqrt[12]{\frac{\gamma_g^5 E_g^5}{k_{n1g}^4 r_1^3 \rho_g^6 \ (1-\nu_g^2)^5}}, v_{1g} \geqslant 1.134\ 48\sqrt[6]{\frac{R_g^5 r_{1g}}{\rho_g^3 k_{n1g}^2}}\right) \tag{2-31}$$

式中　ρ_i——密度，其中 i 为 m 或 g，分别表示煤和矸石，kg/m^3，下同；

γ_i——增加单位表面积所需要的表面能，J/m^2；

E_i——弹性模量，Pa；

ν_i——泊松比；

R_i——动态断裂强度，Pa；

k_{n1i}——接触强度，Pa。

式(2-30)是煤块破碎的冲击速度，式(2-31)是矸石破碎的冲击速度，由于煤和矸石性质参数的差异，两者发生破碎的冲击速度显然不同，证明弹力作用下实现选择性破碎可行。

2.3.2　破碎到指定粒度对应的冲击速度

岩石破碎理论较多，常用的有面积假说、体积假说和裂缝假说。

(1) 面积假说

面积假说认为：破碎物料消耗的功与被破碎物料所增加的表面积成正比。

破碎理论的面积假说由德国学者 P. R. Rittinger 于 1867 年提出，这是最早的较系统的破碎理论。事实上，物料表面上的质点与其内部的质点不同，物料表面相邻的质点不能使其平衡，物料表面存在着不饱和能。破碎过程使物料增加新的表面，Rittinger 认为：外力做的功用于产生新表面，即破碎功耗与破碎过程中新生成表面的面积成正比，或内力的单元功与物料的破裂面的面积增量成正比。

假定物料颗粒在破碎前后均为球形，其粒径为 D，则 n 个球状颗粒的表面积为：

$$A = n\pi D^2 \tag{2-32}$$

n 个颗粒消耗功的增量与面积增量的关系为：

$$dW = nK_e \pi D dD \tag{2-33}$$

式中　K_e——单位功耗比例系数。

由于物料在破碎前后总体积 Q 不变，其颗粒个数为：

$$n = \frac{6Q}{\pi D^3} \tag{2-34}$$

将式(2-34)代入式(2-33)中，并令 $K_S = 6K_e$，得：

$$dW = QK_S \frac{dD}{D^2} \tag{2-35}$$

总的破碎功耗则为：

$$W = -K_S Q \int_{D_p}^{d_p} \frac{dD}{D^2} = K_S Q \left(\frac{1}{d_p} - \frac{1}{D_p} \right) \tag{2-36}$$

式中 D_p——80%的入料所能通过的方形筛孔宽，m；

d_p——80%的排料所能通过的方形筛孔宽，m；

K_S——与物料性质、形状有关的系数，可以通过实验求得。

面积假说在破碎比很大时近似适用于细碎作业。

(2) 体积假说

体积假说认为：将几何形状相似的大块物料破碎成几何形状相似的破碎产品时，消耗的功率与被破碎物料的体积或重量成正比。

破碎的体积假说是由俄国学者吉尔皮切夫与德国学者 G. Kick 各自独立提出的。类似地，可以得出功的增量与体积增量的关系式：

$$dW = K_V Q \frac{dD}{D} \tag{2-37}$$

总破碎功耗为：

$$W = -K_V Q \int_{D_p}^{d_p} \frac{dD}{D} = K_V Q \ln \frac{D_p}{d_p} \tag{2-38}$$

式中 K_V——体积系数，可由实验得出。

体积假说在破碎比不大时与实际情况相近，可以近似地计算粗碎时的功率。

(3) 裂缝假说

裂缝假说认为：岩石在压力作用下变形，当积累的变形功较大时，岩石产生裂隙，进而发生破碎。破碎所消耗的功和物料的表面积及体积的几何平均值成正比。

裂缝假说是由 F. C. Bond 在分析了破碎与磨矿的经验资料后，于 1952 年提出的介于面积假说和体积假说之间的一种破碎理论。裂缝假说认为矿石破碎时，外力首先使物料产生变形，外力超过强度极限以后，物料块就会产生裂缝而破碎成许多小块。Bond 提出了一个计算破碎的经验公式：

$$W = 10W_i\left(\frac{1}{\sqrt{d_p}} - \frac{1}{\sqrt{D_p}}\right) \tag{2-39}$$

式中　W——将单位质量物料从粒度 D_p 破碎到粒度 d_p 所需的能量，J；

W_i——邦德功指数，是理论上无限大的粒度破碎到 80%可以通过 100 μm 筛孔宽时所需的功，它在一定程度上表示物料粉碎的难易程度，即可碎和可磨性，表 2-2 为常见岩石的邦德功指数。

表 2-2　邦德功指数　　单位：kW・h/t

岩石	玄武岩	片麻岩	花岗岩	石灰岩	砂岩	页岩	板岩	煤
W_i	20.41	20.13	14.39	11.61	11.53	16.40	13.83	6.33

建立了上面经验公式以后，Bond 解释为：破碎物料时外力所做的功先是使物体变形，当变形超过一定程度后即生成裂缝，储存在物体内的变形能促使裂缝扩展并生成断面。输入功的有用部分称为新生表面的表面能，其他部分称为热损失。因此，破碎所需的功，应考虑变形能和表面能两项，破碎所需的功应与体积成正比，而表面能与表面积成正比。可以写出破碎功的增量与粒度增量之间的关系：

$$\mathrm{d}W = 2.5K_B Q\frac{\mathrm{d}D}{\sqrt{D^3}} \tag{2-40}$$

将总体积为 Q 的矿物从 D_p 破碎到 d_p 所需的总功耗为：

$$W = K_B Q\left(\frac{1}{\sqrt{d_p}} - \frac{1}{\sqrt{D_p}}\right) \tag{2-41}$$

式中　K_B——裂缝假说系数，$K_B = 10W_i$。

裂缝假说主要适用于中碎和细碎。

上述三种破碎理论中，裂缝假说与实际破碎情况最符合，因此本书依据裂缝假说推导煤和矸石块破碎到指定粒度对应的冲击速度。

弹力式煤矸分选中，对于单个物料块能和功的转化可以这样认为：当物料块与弹力作用板碰撞并反弹且物料不破碎时，它所包含的初始能量就是它的动能，而在碰撞压缩和恢复的两个过程中，由于材料内部阻尼的存在，必然损耗能量，于是初始的动能主要转变为阻尼损耗的能量和反弹后物料块的动能两部分，阻尼损耗的能量通过恢复系数体现；当物料块和弹力作用板碰撞而物料破碎时，内部阻尼只在压缩阶段损耗能量，在压缩终了时由于物料块的内应力达到了物料破碎的内应力，物料块发生破碎，此时的能量转换与前一种情况必然不同，其初始动能主要转变为压缩阶段的阻尼损耗的能量和使物料破碎的能量。

压缩阶段阻尼所做的功可以近似认为是压缩和恢复两个阶段阻尼所损耗的能量的一半，则有：

$$W_{YZ}=\frac{1}{2}W_Z \tag{2-42}$$

式中 W_{YZ}——压缩阶段阻尼损耗的能量，J；

W_Z——碰撞过程中阻尼损耗的能量，$W_Z=\frac{1}{2}mv_1^2-\frac{1}{2}mv_2^2=\frac{1}{2}mv_1^2(1-e^2)$，J。

由于冲击破碎时的恢复系数可以近似为零，即可认为煤和矸石破碎后的反弹速度近似为零。因此，冲击破碎过程中的能量转化是：

$$E_T=W_{YZ}+W \tag{2-43}$$

式中 E_T——煤或矸石块的初始能量，$E_T=\frac{1}{2}mv_1^2$，J。

由式(2-41)、式(2-42)、式(2-43)可得采用冲击破碎的方式将煤或矸石块由粒径 D_p 破碎到粒径 d_p 所需的功耗为：

$$W=\frac{1}{4}mv_1^2(1+e^2) \tag{2-44}$$

所对应的冲击速度为：

$$v_1=\sqrt{\frac{4K_B(\sqrt{D_p}-\sqrt{d_p})}{\rho(1+e^2)\sqrt{D_pd_p}}} \tag{2-45}$$

式中 ρ——煤或矸石的密度，kg/m^3。

式(2-45)可为设定煤矸冲击试验速度提供参考。

2.4 本章小结

(1) 对井下弹力式煤矸分选机理和分选流程进行论述，分析了影响分选的主要因素；结合煤和矸石的性质提出弹力式煤矸分选的两种实现途径：碰撞反弹分选和弹力破碎分选。

(2) 通过对煤和矸石块与弹力作用板之间的碰撞运动分析，得到理想状况的煤和矸石反弹距离计算公式；采用分段非线性接触模型对碰撞过程进行动力学研究，得到煤和矸石块碰撞过程中的最大接触力。

(3) 以裂纹扩展理论为基础，结合动力学分析结果，推导出煤和矸石发生破碎的冲击速度；对不同的破碎理论进行了分析，依据裂缝假说得到煤和矸石块破碎到指定粒度时所对应的冲击速度。

3 煤和矸石冲击试验

3.1 试验系统设计

3.1.1 试验目的

(1) 研究煤和矸石冲击反弹的影响因素及反弹距离分布

传统的垃圾弹力式分选是依靠不同性质物料的反弹距离不同实现分选的，煤和矸石的性质差异较垃圾中的金属和塑料小，其反弹距离规律也不尽相同，煤和矸石的冲击速度、质量、粒度，甚至形状及破碎与否都会影响反弹的特性，通过试验寻找煤和矸石的反弹规律，是验证反弹分选是否可行的依据。

(2) 研究煤和矸石冲击破碎的影响因素及破碎后粒度特性

弹力破碎是实现弹力式煤矸分选的可能途径，各种粒度的煤矸石块的破碎条件及影响因素和破碎后煤块的粒度特性是该部分研究的重点内容，煤和矸石块破碎时冲击速度的分布情况和影响因素，是验证弹力破碎分选是否可行的判据。

(3) 研究最佳的分选效果对应的冲击速度

最佳的分选效果是本书研究弹力式煤矸分选的目标，结合弹力式煤矸分选的机理和反弹规律及破碎规律的研究，找到不同分选要求的冲击速度，将弹力式煤矸分选进行系统化和理论化，是形成和完善分选技术的重要支撑。

3.1.2 试验系统

通过大量的试验，寻求煤和矸石块的反弹和破碎规律是本书的重点研究内容。所设计的试验系统，应能准确地记录煤和矸石块的冲击速度。试验原理图如图 3-1 所示，该试验系统主要由两部分组成：冲击速度实现装置和数据采集装置。

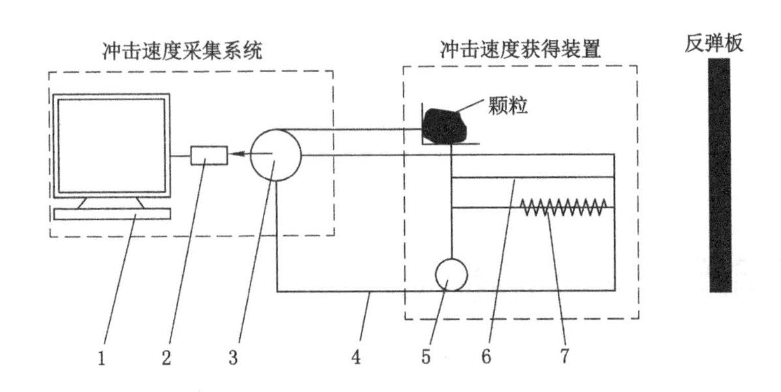

1—计算机；2—单片机；3—轴编码器；4—抛射轨道；5—抛射车；6—胶乳胶带；7—阻尼弹簧。

图 3-1 试验原理图

冲击速度实现装置由机械部分完成，而数据采集装置则涉及多方面内容，包括速度采集、反弹距离测量和粒度测量。反弹距离用钢尺人工测量，粒度采用游标卡尺测量。速度的测量和采集为该试验数据采集的重点。

(1) 加速装置设计

冲击速度实现装置的功能是按照试验要求给予煤和矸石块既定的初速度。考虑本书的煤矸分选系统中原煤需经过初级破碎，进入分选的煤和矸石粒度较为集中并且无大块。因此，冲击速度实现装置的动力源可选用机械弹簧或胶乳胶带。但试验时发现，机械弹簧的变形量较小，加速过程过短，不易实现较高的初始速度，故采用胶乳胶带作为动力源。弹射小车与弹射轨道之间摩擦应尽量小，移动接触部分全部加滚动轴承，改滑动摩擦为滚动摩擦。由于本试验准备采用轴编码器测速，须有一拉线连接弹射座和轴编码器，考虑拉线承载能力和测速线轮的摩擦损失，在弹射架四周布置定滑轮，消除拉线载荷及拉线与测速线轮之间的摩擦，如图 3-2 所示。

(2) 数据采集装置设计

弹射架和原煤块在胶乳胶带作用下加速，当弹射架碰到阻尼弹簧时，弹架的速度开始减小，原煤块保持原来速度并且弹射出去，需要测量的就是原煤块脱离弹射架时的速度。由于，弹射时的原煤块速度为弹射架在整个运动过程中的最大速度，因此测量目标变为弹射架的最大速度。

① 速度测量

旋转编码器是常用的测速元件，可用以测量旋转轴的转速和角位移。旋转编码器内部含有一个带有栅格的编码盘，当旋转编码器轴带动编码盘旋转时，

图 3-2　加速装置

经发光元件发出的光被编码盘狭缝切割成断续光线，并被接收元件接收产生初始信号，该信号经后继电路处理后输出脉冲。测速的主要技术参数是供电电压和每秒钟输出的脉冲数。计算机 USB 端口可输出 5 V 的稳定电压，故供电电压选用 5 V；每秒输出的脉冲数目直接反映测速的精度，每秒钟输出的脉冲数目越多，测速也越精确，但考虑单片机的分析能力，脉冲数应合理选择。

测速的原理是根据某时刻两个相邻脉冲的时间差来计算出该时刻编码轴的转速，即每次计算时间间隔至少有两次脉冲，本试验的加速历程大约在0.2 s，若将其分为 20 个时间间隔段，则每次计算的时间间隔为 0.01 s，此时对应每秒的脉冲数为 200。故选用输出的脉冲数为 360。

试验过程中，编码轴的转速不应该超过编码器极限转速，否则将会产生测速误差。试验中的最高速度按照 10 m/s 计算，与编码器相连的绕线轮的直径为 20 mm，此时编码轴的转速为 1 000 rad/s ，而编码器一般的极限转速为6 000 rad/s，远大于试验时最高转速 1 000 rad/s。

综上分析，选用无锡市瑞普科技有限公司生产的 ZSP3.806-H03G360BZ3/05E 型编码器，输出为单路、5 V 的 TTL 方波电压信号。

② 信号采集和显示

编码器只能输出脉冲信号，测速的实现需要由单片机对输出的脉冲信号进行处理和计算。ATmega8 是具备这种功能的单片机[66]，ATmega8 将编码器发出的脉冲信号记录，每 0.01 s 计算一次该时间段内的最大轴转速并存储，完成测量后输出整个测试过程中的最大转速。此时，单片机发出的仍然是 TTL 电平信号，不能被计算机识别，需要对其进行转换。Max232 单片机可将 ATmega8 单片机的 TTL 电平信号转换为计算机的 RS232 电平信号，通过串口传输至计算机。用 VB 界面作为上位机操作界面，显示出被测速度的最大值，如图 3-3 所示，图 3-3 中系数栏数值根据编码器线轮半径确定。

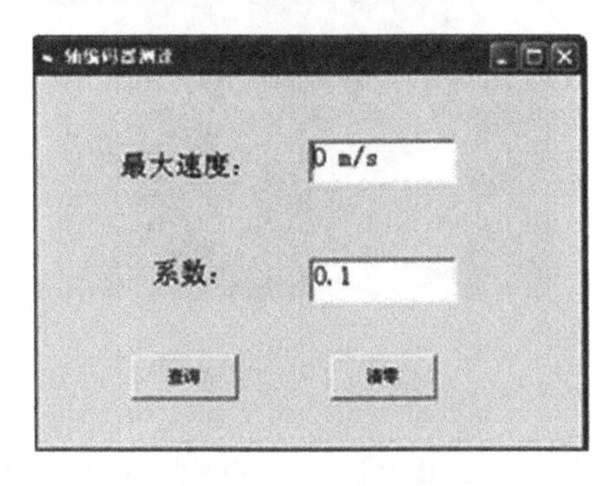

图 3-3　测速程序界面

③ 轴编码器测速验证

为使测得的速度数据更为准确，测速前需验证直线测速编码器测速的准确性。假设煤和矸石在空气中弹射时，忽略空气阻力对弹射轨迹的影响，则在一定高度的弹射架上将煤和矸石弹射出去，其自由弹射的距离和弹射时的初速度存在如下关系：

$$L = v\sqrt{\frac{2H}{g}} \tag{3-1}$$

式中　L——煤和矸石自由弹射的距离，m；

v——煤和矸石弹射初速度，m/s；

H——弹射点距地面的高度，m；

g——重力加速度，m/s^2。

根据式(3-1)，对 25 块煤和矸石在不同速度下进行弹射，量取自由弹射距离，计算弹射初速度，并将其与所测速度进行比较，对其进行标定。当测定速度与理论计算速度的平均误差值小于 5%时，认为该测速装置测速基本准确，表 3-1是在弹射高度为 0.874 m 时获得的计算速度及测量速度。

去除相对误差最大值和最小值，计算误差的平均值为 0.040 6，且最大误差为 0.098 7，满足测试要求。

表 3-1 速度验证

序号	1	2	3	4	5	6	7	8	9
计算速度/(m/s)	4.85	5.09	4.31	4.66	5.99	6.77	6.49	6.46	7.22
测量速度/(m/s)	4.5	5.3	4.2	4.5	6.1	6.3	6.5	6.4	7.1
相对误差	0.072 2	0.041	0.016 9	0.028 73	0.012 838	0.075 4	0.008 9	0.016 1	0.026 3
序号	10	11	12	13	14	15	16	17	18
计算速度/(m/s)	6.70	7.29	7.67	5.92	6.75	4.97	3.27	5.04	4.97
测量速度/(m/s)	6.8	7.3	7.4	5.7	6.7	5.0	3.4	5.4	4.6
相对误差	0.014 9	0.003 9	0.033 2	0.040 2	0.001 3	0.007 5	0.039 7	0.071 4	0.069 9
序号	19	20	21	22	23	24	25		
计算速度/(m/s)	6.28	4.83	5.45	2.98	4.76	4.74	4.74		
测量速度/(m/s)	6.3	5.2	5.5	3.2	4.6	5.2	4.9		
相对误差	0.003 2	0.076 6	0.007 1	0.098 7	0.028 9	0.097 0	0.036 1		

3.2 煤和矸石冲击试验结果分析

弹力式煤矸分选可以通过碰撞反弹分选和弹力破碎分选两种途径实现。煤和矸石在一定速度下的反弹距离分布及煤和矸石破碎所需的冲击速度是整个弹力式煤矸分选的技术关键,直接决定了分选的可行性和效果。

从新汶矿业集团有限责任公司协庄煤矿采集原煤进行试验,研究不同粒度、不同冲击速度下的煤和矸石反弹距离分布及差异情况,以及不同粒度、不同冲击速度下的煤和矸石破碎情况。将重点进行统计分析,探索不规则煤块和矸石块的弹力作用结果,为确定弹力分选的实现途径选择提供数据基础,同时为分析煤和矸石分选效果提供依据。

试验之前,对原煤中煤和矸石的性质进行了测量。试验原煤中煤的平均普氏硬度系数为 1.582,矸石的平均普氏硬度系数为 4.369。

3.2.1 煤和矸石反弹距离的影响因素及其分布

弹力式煤矸分选最理想的情况是仅依靠反弹距离的不同来实现分选的,因此需要先对煤和矸石的冲击反弹情况进行分析。

1. 煤块反弹距离的影响因素及分布

(1) 煤块反弹距离的影响因素分析

共试验煤块 246 块，取 0.05 的置信水平对试验数据进行粗差剔除。其中不符合试验条件要求的有 11 块，经粗差剔除 3 块，有效试验煤块为 232 块。剔除后的数据结果见表 3-2，其中表内数据为对应因素和水平下反弹距离的平均值，括号内数字为重复试验次数。

表 3-2　剔除粗差后煤块反弹距离数据表

	B_1	B_2	B_3	B_4
A_1	406.666 7(15)	441.666 7(12)	436.153 8(13)	462.857 1(7)
A_2	319.230 8(13)	412.352 9(17)	444.705 9(34)	511.111 1(18)
A_3	487.5(4)	437.5(8)	405.217 4(23)	586.428 6(14)
A_4	400(1)	468.181 8(11)	430.571 4(35)	494.285 7(7)

结合表 3-2 填写方差分析表，见表 3-3，显著水平 $\alpha=0.05$，取 $F_{0.05}(3,216)=2.60$、$F_{0.05}(9,216)=1.88$。

表 3-3　煤块反弹距离影响因素方差分析表

来源	离差平方和	自由度	均方离差	F 值
因子 A	$Q_A=47\,795$	3	$S_A^2=\frac{Q_A}{3}=15\,931.67$	$F_A=\frac{S_A^2}{S_E^2}=0.551\,939$
因子 B	$Q_B=445\,180$	3	$S_B^2=\frac{Q_B}{3}=148\,393.3$	$F_B=\frac{S_B^2}{S_E^2}=5.140\,962$
交互作用 I	$Q_I=247\,672$	9	$S_I^2=\frac{Q_I}{9}=27\,519.11$	$F_I=\frac{S_I^2}{S_E^2}=0.953\,376$
误差	$Q_E=6\,234\,817$	216	$S_E^2=\frac{Q_E}{N-16}=28\,864.89$	
总和	$Q_T=6\,975\,464$	231		

据表 3-3，$F_B=5.140\,962>F_{0.05}(3,216)=2.60$，冲击速度因素对反弹距离影响很显著；$F_I=0.953\,376<F_{0.05}(9,216)=1.88$，粒度和冲击速度二者的交互作用对反弹距离的分布影响不显著。因此，研究煤块反弹距离时着重针对冲击速度进行研究。

(2) 煤块的反弹距离分布

由以上分析知，煤块的粒度及粒度与冲击速度的交互作用对反弹距离的影响很小，仅冲击速度影响显著。因此，分析煤块反弹距离分布时，仅考虑不同速度水平上所有粒度水平的反弹距离分布。

常用的分布有正态分布、χ^2 分布、t 分布、F 分布等，其中正态分布是最普遍的分布形式，一些常用的概率分布是由它直接导出的，例如对数正态分布、t 分布、F 分布等，并且当样本空间为无穷大时，任何分布都可认为是正态分布。因此分析反弹距离分布时首先对其进行正态分布拟合，再检验其是否符合，如不符合再拟合为其他分布并进行检验。

① 5.5 m/s 以下速度水平的煤块反弹距离分布

该水平下的煤块个数总共 33 块，绘制其反弹距离分布的直方图，并用 MATLAB 对其进行正态分布拟合，得到粒径为 50～100 mm 的不规则煤块在冲击速度小于 5.5 m/s 时反弹距离的分布曲线，如图 3-4 所示。图中横坐标表示反弹距离，单位为 mm，纵坐标为分布的块数。分布曲线对应的特征方程为：

$$f_{\mathrm{m}}(S)=\frac{1}{\sigma_{\mathrm{m}}\sqrt{2\pi}}\mathrm{e}^{-\frac{(S-S_{\mathrm{m}})^2}{2\sigma_{\mathrm{m}}^2}}=\frac{1}{119.33\sqrt{2\pi}}\mathrm{e}^{-\frac{(S-381.82)^2}{2\times 119.33^2}} \tag{3-2}$$

式中 $f_{\mathrm{m}}(S)$——煤块反弹距离分布函数；

S_{m}——冲击速度小于 5.5 m/s 时反弹距离的平均值，为 381.82 mm；

σ_{m}——冲击速度小于 5.5 m/s 时反弹距离的标准差，为 119.33 mm。

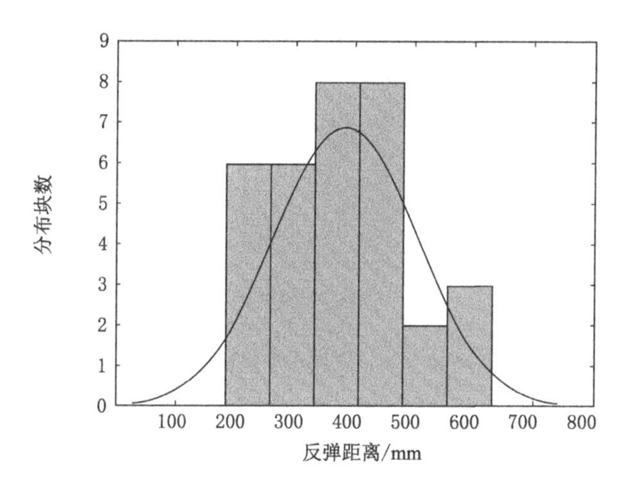

图 3-4　5.5 m/s 以下速度水平煤块反弹距离分布

用 MATLAB 对该分布进行 lillietest 检验，检验反弹距离分布是否服从样本均值和方差的正态分布。lillietest 检验主要用于检验小样本空间是否服从正态分布，其返回值为“0”和“1”，如果返回值为“1”则拒绝检验分布服从正态分布的零假设；否则，接受检验分布服从正态分布的零假设。经检验，该分布返回值为“0”符合 $N(381.82, 119.33^2)$ 分布。

② 5.5～6.3 m/s 速度水平的煤块反弹距离分布

该水平下的煤块个数总共 48 块，绘制其反弹距离分布的直方图，用 MATLAB 对其进行正态分布拟合，得到粒径为 50～100 mm 的不规则煤块在冲击速度为 5.5～6.3 m/s 时反弹距离的分布曲线，如图 3-5 所示。分布曲线对应的特征方程为：

$$f_m(S) = \frac{1}{198.29\sqrt{2\pi}} e^{-\frac{(S-436.67)^2}{2\times 198.29^2}} \tag{3-3}$$

用 MATLAB 对该分布进行 lillietest 检验。经检验，返回值为“0”，符合 $N(436.67, 198.29^2)$ 分布。

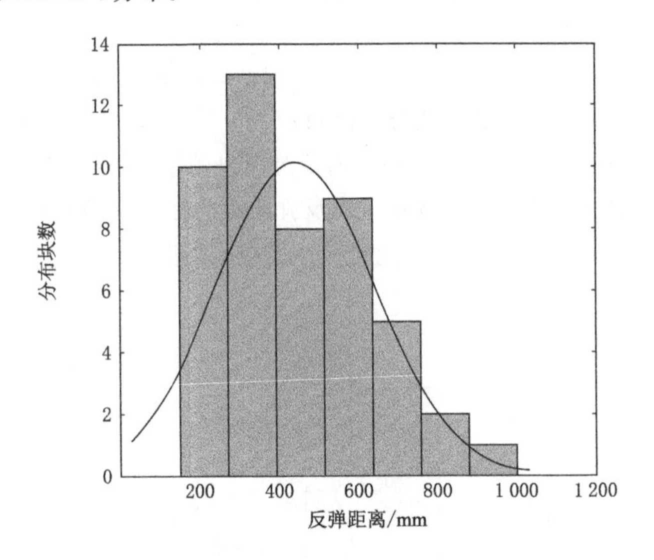

图 3-5　5.5～6.3 m/s 速度水平煤块反弹距离分布

③ 6.3～7 m/s 速度水平的煤块反弹距离分布

该水平下的煤块个数总共 105 块，绘制其反弹距离分布的直方图，用 MATLAB 对其进行正态分布拟合，得到粒径为 50～100 mm 的不规则煤块在冲击速度为 6.3～7 m/s 时反弹距离的分布曲线，如图 3-6 所示。分布曲线对应的特征方程为：

$$f_{\mathrm{m}}(S)=\frac{1}{156.44\sqrt{2\pi}}\mathrm{e}^{-\frac{(S-430.29)^2}{2\times156.44^2}} \tag{3-4}$$

用 MATLAB 对该分布进行 lillietest 检验。经检验，返回值为“1”，不符合 $N(430.29,156.44^2)$分布。但是经 MATLAB 分析，该样本拒绝零假设检验的临界值为 0.110 1，而该样本的检验值为 0.097，差值较小。仍然近似认为其分布符合正态分布。

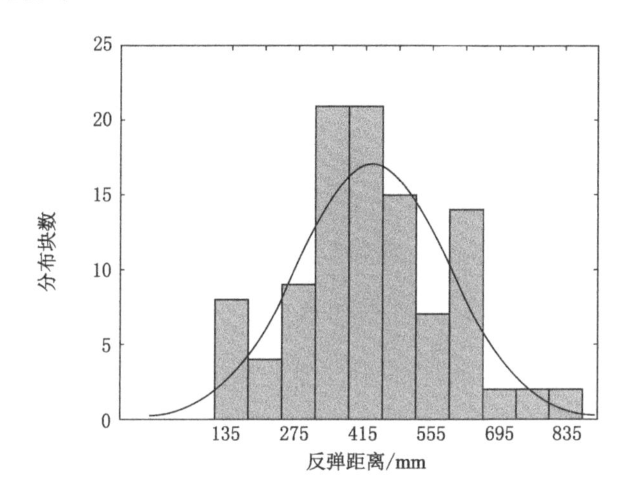

图 3-6　6.3～7 m/s 速度水平煤块反弹距离分布

④ 7 m/s 以上速度水平的煤块反弹距离分布

该水平下的煤块个数总共 46 块，绘制其反弹距离分布的直方图，用 MATLAB 对其进行正态分布拟合，得到粒径为 50～100 mm 的不规则煤块在冲击速度达到 7 m/s 以上时反弹距离的分布曲线，如图 3-7 所示。分布曲线对应的特征方程为：

$$f_{\mathrm{m}}(S)=\frac{1}{189.98\sqrt{2\pi}}\mathrm{e}^{-\frac{(S-524.13)^2}{2\times189.98^2}} \tag{3-5}$$

用 MATLAB 对该分布进行 lillietest 检验。经检验，返回值为“0”，符合 $N(524.13,189.98^2)$分布。

⑤ 全部煤块的反弹距离分布

绘制所有 232 块有效试验煤块反弹距离分布的直方图，用 MATLAB 对其进行正态分布拟合，得到粒径为 50～100 mm 的不规则煤块反弹距离的分布曲线，如图 3-8 所示。分布曲线对应的特征方程为：

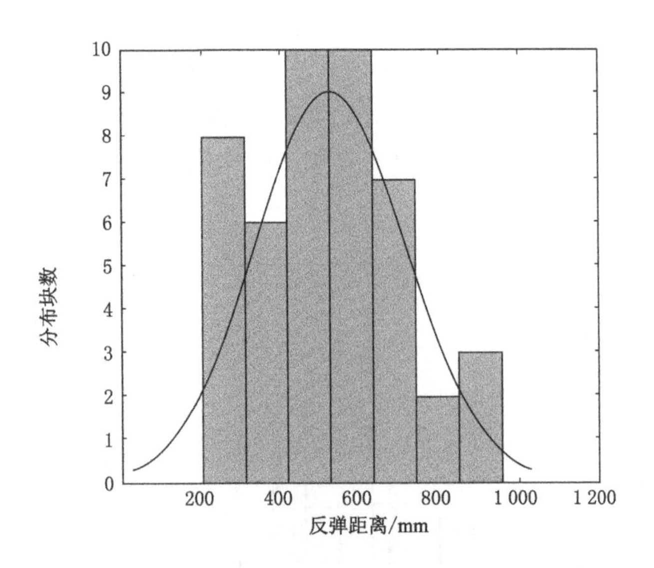

图 3-7　7 m/s 以上速度水平煤块反弹距离分布

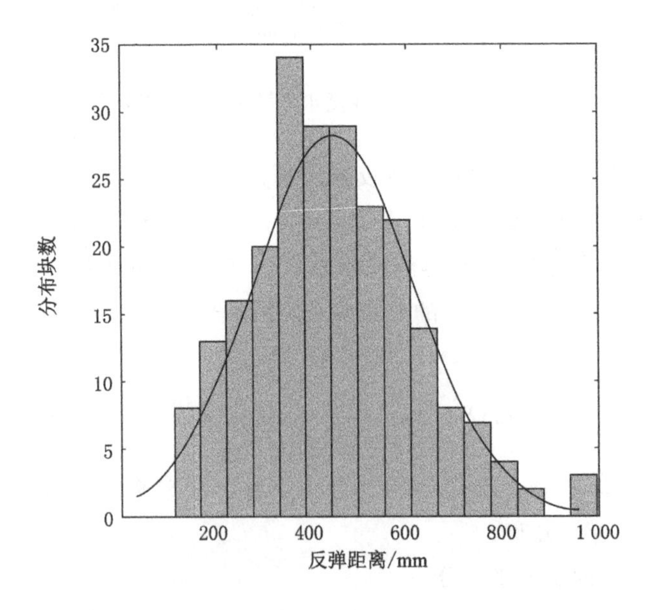

图 3-8　全部煤块反弹距离分布

$$f_{\mathrm{m}}(S)=\frac{1}{173.06\sqrt{2\pi}}\mathrm{e}^{-\frac{(S-443.32)^2}{2\times 173.06^2}} \tag{3-6}$$

用 MATLAB 对该分布进行 jarque-Bera 检验，jarque-Bera 检验与 lillietest 检验相似，主要用于大样本空间的检验。其返回值也是“0”和“1”，如果返回值为“1”则拒绝检验分布服从正态分布的零假设；否则，接受检验分布服从正态分布的零假设。经检验，返回值为“0”，符合 $N(443.32,173.06^2)$分布。

2. 矸石反弹距离的影响因素及分布

(1) 矸石反弹距离的影响因素分析

将矸石的反弹距离进行粗差剔除，经剔除后的矸石反弹距离见表 3-4，其中表内数据为对应因素和水平下反弹距离的平均值，括号内数字为重复试验次数。需要指出的是在矸石试验中将冲击速度的四个水平较之煤块试验都提高了一个水平。共试验矸石块 196 块，其中不符合试验要求的有 6 块，经粗差分析剔除 4 块，最终有效试验块数为 186 块。

表 3-4 粗差剔除后矸石反弹距离表

	B_1	B_2	B_3	B_4
A_1	373.333 3(6)	411.818 2(11)	565.714 3(7)	702.666 7(15)
A_2	450(13)	457.5(20)	605(14)	654.285 7(14)
A_3	467.857 1(14)	428.571 4(21)	485.454 5(11)	664.285 7(7)
A_4	411.428 6(7)	455(6)	722.222 2(9)	708.181 8(11)

填写方差分析表，如表 3-5 所示，显著水平取 $\alpha=0.05$，取 $F_{0.05}(3,170)=2.60$、$F_{0.05}(9,170)=1.88$。从表 3-5 可以看出 $F_{\mathrm{A}}=2.433\ 92<F_{0.05}(3,170)=2.60$，虽然矸石的粒度对反弹距离的影响较煤块的影响的显著性有所提高，但仍然不显著；$F_{\mathrm{B}}=16.646\ 1>F_{0.05}(3,170)=2.60$，冲击速度因素对反弹距离影响很显著；$F_{\mathrm{I}}=2.592\ 3>F_{0.05}(9,170)=1.88$，粒度和冲击速度二者的交互作用对反弹距离的影响较显著。此时，研究矸石反弹距离分布仍然可以忽略粒度因素，二者交互作用虽不能忽视，但与冲击速度相比较，仍是次要因素，所以仍着重考虑冲击速度的影响。

(2) 矸石的反弹距离分布

① 6.3 m/s 以下速度水平的矸石反弹距离分布

表 3-5　矸石反弹距离影响因素方差分析表

来源	离差平方和	自由度	均方离差	F 值
因子 A	$Q_A=306\ 292.6$	3	$S_A^2=\frac{Q_A}{3}=102\ 097.5$	$F_A=\frac{S_A^2}{S_E^2}=2.433\ 92$
因子 B	$Q_B=2\ 094\ 808.6$	3	$S_B^2=\frac{Q_B}{3}=698\ 269.5$	$F_B=\frac{S_B^2}{S_E^2}=16.646\ 1$
交互作用 I	$Q_I=978\ 663.4$	9	$S_I^2=\frac{Q_I}{9}=108\ 740.4$	$F_I=\frac{S_I^2}{S_E^2}=2.592\ 3$
误差	$Q_E=7\ 131\ 130$	170	$S_E^2=\frac{Q_E}{N-16}=41\ 947.8$	
总和	$Q_T=10\ 510\ 894.6$	185		

该水平的矸石块数总共 40 块，绘制其反弹距离分布的直方图，并用 MATLAB 对其进行正态分布拟合，得到粒径为 50～100 mm 的不规则矸石块在冲击速度小于 6.3 m/s 时反弹距离的分布曲线，如图 3-9 所示。分布曲线对应的特征方程为：

$$f_g(S)=\frac{1}{\sigma_g\sqrt{2\pi}}e^{-\frac{(S-S_g)^2}{2\sigma_g^2}}=\frac{1}{174.65\sqrt{2\pi}}e^{-\frac{(S-460.22)^2}{2\times174.65^2}} \tag{3-7}$$

式中　$f_g(S)$——矸石反弹距离分布函数；

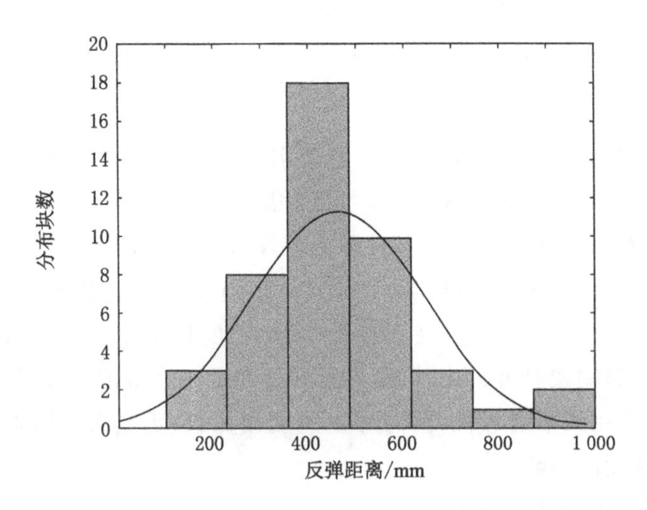

图 3-9　6.3 m/s 速度水平以下矸石反弹距离分布

S_g——冲击速度小于 6.3 m/s 时反弹距离的平均值，为 460.22 mm；

σ_g——冲击速度小于 6.3 m/s 时反弹距离的标准差，为 174.65 mm。

对该分布进行 lillietest 检验，返回值为“0”，符合 $N(460.22, 174.65^2)$ 分布。

② 6.3～7 m/s 速度水平的矸石反弹距离分布

该水平的矸石块数总共 58 块，绘制其反弹距离分布的直方图，同样用 MATLAB 对其进行正态分布拟合，得到粒径为 50～100 mm 的不规则矸石块在冲击速度为 6.3～7 m/s 时反弹距离的分布曲线，如图 3-10 所示。分布曲线对应的特征方程为：

$$f_g(S) = \frac{1}{177.8\sqrt{2\pi}} e^{-\frac{(S-440.33)^2}{2\times 177.8^2}} \tag{3-8}$$

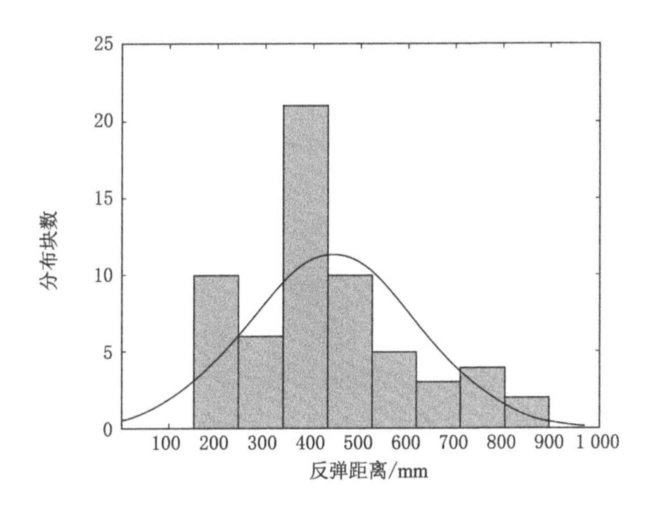

图 3-10 6.3～7 m/s 速度水平矸石反弹距离分布

用 MATLAB 对该分布进行 lillietest 检验。经检验，返回值为“0”，符合 $N(440.33, 177.8^2)$分布。

③ 7～7.7 m/s 速度水平的矸石反弹距离分布

该水平的矸石块数总共 38 块，绘制其反弹距离分布的直方图，用 MATLAB 对其进行分布拟合，得到粒径为 50～100 mm 的不规则矸石块在冲击速度介于 7～7.7 m/s 时反弹距离的分布曲线，如图 3-11 所示。分布曲线对应的特征方程为：

$$f_g(S)=\frac{1}{233.72\sqrt{2\pi}}e^{-\frac{(S-591.95)^2}{2\times 233.72^2}} \tag{3-9}$$

用 MATLAB 对该分布进行 lillietest 检验。经检验，返回值为“0”，符合 $N(591.95, 233.72^2)$分布。

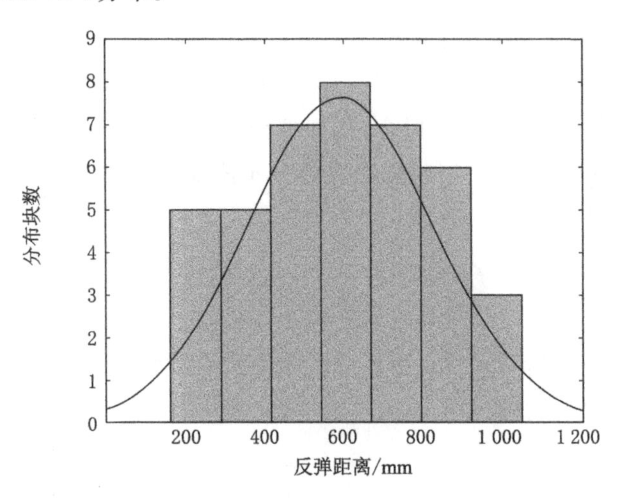

图 3-11　7～7.7 m/s 速度水平的矸石反弹距离分布

④ 7.7 m/s 以上速度水平的矸石反弹距离分布

该水平的矸石块数总共 44 块，绘制其反弹距离分布的直方图，同样用 MATLAB 对其进行正态分布拟合，得到粒径为 50～100 mm 的不规则矸石块在冲击速度达到 7.7 m/s 以上时反弹距离的分布曲线，如图 3-12 所示。分布曲线对应的特征方程为：

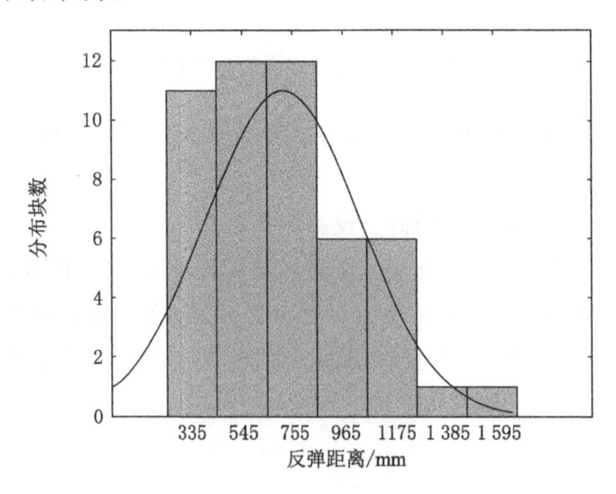

图 3-12　7.7 m/s 以上速度水平矸石反弹距离分布

$$f_g(S)=\frac{1}{321.36\sqrt{2\pi}}e^{-\frac{(S-716.12)^2}{2\times 321.36^2}} \tag{3-10}$$

同样用 MATLAB 对该分布进行 lillietest 检验。经检验,返回值为“0”,符合 $N(716.12,321.36^2)$分布。

⑤ 全部矸石的反弹距离分布

绘制所有 186 块有效试验矸石反弹距离分布的直方图,继续用 MATLAB 对其进行正态分布拟合,得到粒径为 50～100 的不规则矸石反弹距离的分布曲线,如图 3-13 所示。分布曲线对应的特征方程为:

$$f_g(S)=\frac{1}{257.18\sqrt{2\pi}}e^{-\frac{(S-545.56)^2}{2\times 257.18^2}} \tag{3-11}$$

用 MATLAB 对该分布进行 jarque-Bera 检验。经检验,返回值为“1”,不符合 $N(545.56,257.18^2)$分布。从图 3-13 看出,图中的分布呈现出一定的偏斜,具有不对称性,对于此种情况,用 Γ 分布和 χ^2 分布进行分析比较合适,而 χ^2 分布是 Γ 分布的特例,性质与 Γ 分布相同。因此,对全部矸石的反弹距离分布用 Γ 分布进行统计分析。

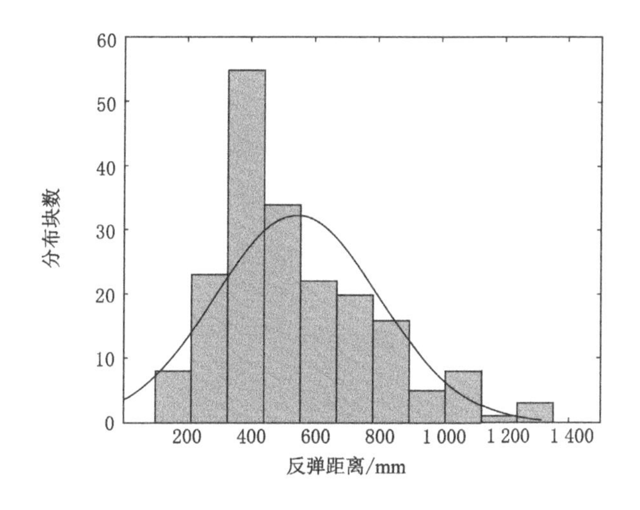

图 3-13　全部矸石反弹距离分布

用 MATLAB 软件对全部矸石的反弹距离进行 Γ 分布的处理分析,进行拟合检验,并与原来的正态分布曲线对比,得到矸石反弹距离的 Γ 分布曲线,如图 3-14 所示。

对应于图 3-14 的全部矸石反弹距离分布曲线,其 Γ 分布的特征方程为:

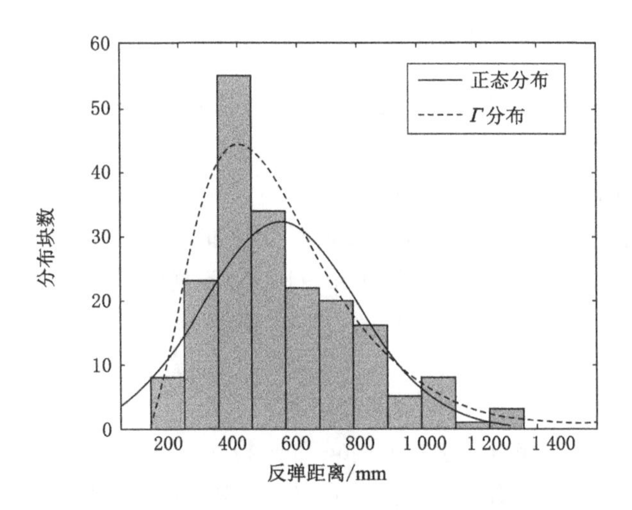

图 3-14　全部矸石反弹距离的 Γ 分布曲线

$$f_g(S)=\frac{\beta^{\alpha}}{\Gamma(\alpha)}(S-S_0)^{\alpha-1}e^{-\beta(S-S_0)} \tag{3-12}$$

式中：

$$\alpha=\frac{4}{C_S^2} \tag{3-13}$$

$$\beta=\frac{2}{\overline{S}C_VC_S} \tag{3-14}$$

$$S_0=\overline{S}(1-\frac{2C_V}{C_S}) \tag{3-15}$$

式中　$\overline{S}$——样本反弹距离的平均值，mm；

C_V——样本的离差系数，$C_V=\frac{\sigma}{\overline{S}}$；

C_S——样本的偏态系数，$C_S=\frac{\sum_{i=1}^{n}(S_i-\overline{S})^3}{n\overline{S}^3C_V^3}$。

式(3-12)中的 Γ 函数用其近似计算公式计算：

$$\Gamma(\alpha)=\exp\left(\frac{1}{2}\ln(2\pi)+(\alpha-\frac{1}{2})\ln\alpha-\alpha+\frac{1}{12\alpha}-\frac{1}{360\alpha}\right) \tag{3-16}$$

利用 Excel 计算试验所得的反弹距离平均值，离差系数和偏态系数，并代入式(3-12)至式(3-16)中，得到全部矸石反弹距离的特征方程式：

$$f_g(S)=(1.9027E-7)\cdot(S-87.3336)^{2.1745}\cdot e^{(-0.0069S+0.605)} \quad (3\text{-}17)$$

对其进行 χ^2 拟合检验，发现该组数据基本服从 Γ 分布。并且计算偏态系数 $C_S=1.1225$，大于零，说明该 Γ 分布呈右偏斜，从图 3-14 可以看出，分布曲线向右偏斜，说明计算结果和拟合结果相符合。

3. 煤和矸石反弹距离对比分析

煤和矸石反弹试验均为两因素四水平，矸石的冲击速度与煤块有三个水平相同，且粒度对反弹距离的影响情况并不显著，冲击速度为显著因素，因此将试验的煤和矸石在相同的三个速度水平下的反弹距离进行比较，如图 3-15 所示。

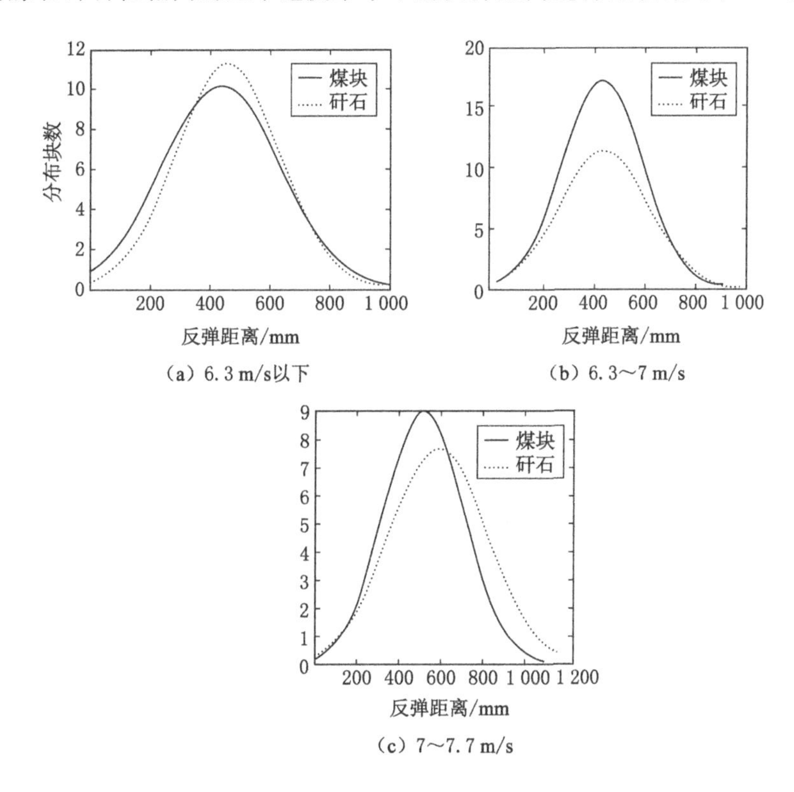

图 3-15　不同冲击速度水平下煤和矸石反弹距离分布

由图 3-15 可以明显看出，在 6.3 m/s 以下、6.3～7 m/s、7～7.7 m/s 三个速度水平下的煤和矸石反弹距离并无明显差别。因此，单纯依靠这三个冲击速度水平下反弹距离不同较难实现煤和矸石分选。

但在反弹距离分布分析时还发现，相同因素和水平下煤和矸石反弹距离的平均值呈现不同的差异，如图 3-16 所示，图中各点表示煤和矸石在相同的粒度水平和冲击速度水平时反弹距离的平均值。

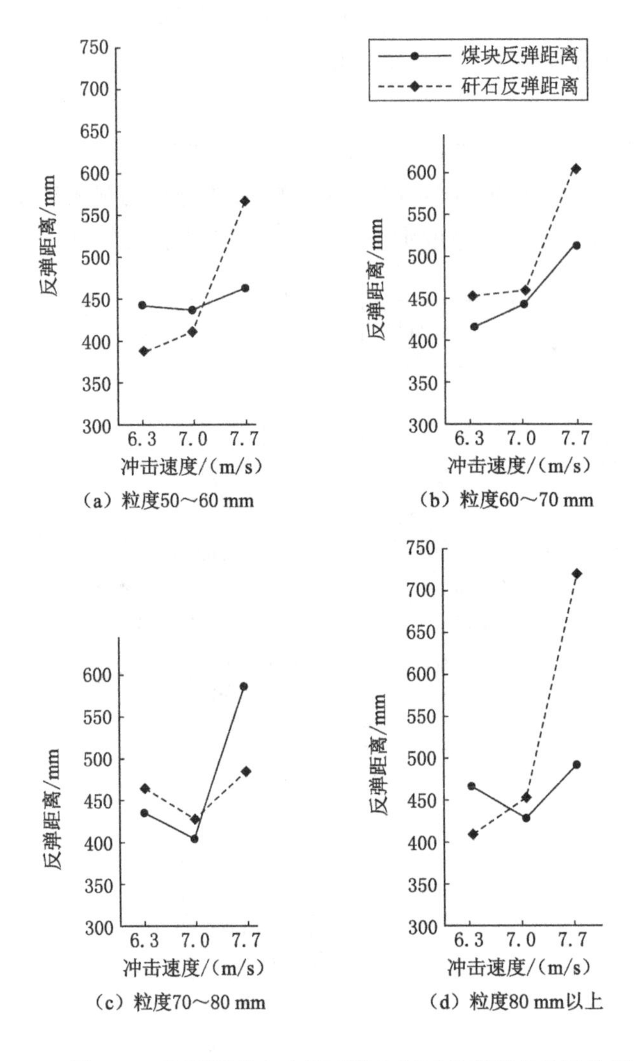

图 3-16　相同因素和水平下煤和矸石反弹距离的平均值

由图 3-16 可以看出，煤和矸石的反弹距离大多随着冲击速度的增大而增加，且二者的差值在高速时增值较大。据分析，原因如下：当冲击速度较低时(7 m/s 以下)，煤和矸石发生破碎的较少，弹力作用都以反弹为主，煤和矸石的恢复系数均近似常数，二者反弹距离的差值及其变化都较小；当冲击速度较高时

(7 m/s以上),煤块发生破碎,出现能量耗散,恢复系数骤减,而矸石破碎较少,恢复系数与原来变化不大,故反弹距离差值增大。可见,破碎对反弹距离的变化趋势会产生影响。

根据上述分析,在煤块发生破碎而矸石未破碎的情况下,二者反弹距离的差值大于两者都不破碎时的反弹距离差值。经分析发现如下现象:

① 6.3 m/s 以下时,二者的反弹距离仍呈交错状态,随着冲击速度的增加,煤块的反弹距离有增大的趋势,而矸石的反弹距离有下降趋势,并且煤和矸石分布并无明显的分布区域特征。可见在此冲击速度范围内难以实现碰撞反弹分选。

② 6.3～7 m/s 时,此速度阶段煤块发生破碎的较多,反弹现象最为明显,煤块反弹距离仍然呈上升趋势,但趋势已经不如 6.3 m/s 以下速度阶段时明显,不过此时的平均反弹距离最大。而矸石的反弹距离则开始随冲击速度的增大而持续增大,并且具大反弹距离的多以矸石为主。但是并未发现煤和矸石反弹距离有明显的分选界限。

③ 7～7.7 m/s 时,此速度阶段是大部分煤块发生破碎的阶段,反弹距离有明显的下降趋势,主要是恢复系数在破碎时骤减的缘故。而矸石尚未达到破碎速度,故反弹距离随冲击速度增大有明显的增大趋势,并且此时发现煤块和矸石的反弹距离差值随冲击速度增大也越来越大。由此可知,在该阶段实现碰撞反弹分选理论上可行。

结合上述现象,对所有煤和矸石的反弹距离进行分析,发现冲击速度大于 7.1 m/s 时,共试验煤块 31 块,而反弹距离大于 800 mm 的仅有一块;共试验矸石块 85 块,反弹距离大于 800 的有 25 块。当冲击速度大于 7.1 m/s 时,仅依靠反弹距离就可以分选出矸石约 30%,而丢煤率仅为 3%。并且在试验时发现,当冲击速度大于 7 m/s 时,未破碎的煤块大部分都存在夹矸现象。若将反弹分选和选择性破碎分选相结合,则能分选出更多的矸石,而丢弃的煤也多为夹矸煤。

3.2.2 煤和矸石冲击破碎影响因素和破碎后粒度分析

通过对煤和矸石碰撞反弹的分析发现,煤和矸石的反弹距离均值存在差异,但并不显著,因此单纯依靠反弹距离来分选煤和矸石效果并不理想。试验发现,较高速度弹射时,多数煤块发生破碎现象,而矸石发生破碎的较少。若将破碎分选和反弹分选结合可能会达到较好的分选效果。因此,本节主要研究煤和矸石破碎的影响因素和不同弹射速度下的煤和矸石破碎情况，以及破碎后的粒度与对应冲击速度之间的关系。

1. 煤块冲击破碎的影响因素和破碎后粒度分析

(1) 煤块冲击破碎的影响因素分析

煤块破碎影响因素的分析方法仍然采用两因素四水平不等重复试验的方差分析，将试验数据按方差分析数据表分类填写。用“1”表示破碎，用“0”表示未破碎，表 3-6 中数据为对应因素水平下目标值的平均值，括号内数字为对应的重复试验次数。

表 3-6 煤块破碎影响因素分析数据表

	B_1	B_2	B_3	B_4
A_1	0.066 7(15)	0.333 3(12)	0.762 9(13)	1(7)
A_2	0.230 8(13)	0.352 9(17)	0.617 6(34)	0.666 7(18)
A_3	0.2(5)	0.5(8)	0.666 7(24)	0.5(14)
A_4	0(1)	0.363 6(11)	0.555 6(36)	0.714 3(7)

有效试验煤块 235 块，破碎 121 块，计算各项离差，见表 3-7。

表 3-7 煤块破碎影响因素方差分析表

来源	离差平方和	自由度	均方离差	F 值
因子 A	$Q_A=0.1712$	3	$S_A^2=\frac{Q_A}{3}=0.0571$	$F_A=\frac{S_A^2}{S_E^2}=0.2572$
因子 B	$Q_B=8.0283$	3	$S_B^2=\frac{Q_B}{3}=2.6761$	$F_B=\frac{S_B^2}{S_E^2}=12.0545$
交互作用 I	$Q_I=1.8752$	9	$S_I^2=\frac{Q_I}{9}=0.2084$	$F_I=\frac{S_I^2}{S_E^2}=0.9387$
误差	$Q_E=48.6232$	219	$S_E^2=\frac{Q_E}{N-16}=0.2220$	
总和	$Q_T=58.6979$	234		

显著水平仍然取用 $\alpha=0.05$，取 $F_{0.05}(3,219)=2.60$，$F_{0.05}(9,219)=1.88$。从表 3-9 可以看出 $F_A=0.2572<F_{0.05}(3,219)=2.60$，粒度对破碎情况影响很不显著，基本无影响；$F_B=12.0545>F_{0.05}(3,219)=2.60$，冲击速度对破碎情

况的影响很显著；$F_{I}=0.9387<F_{0.05}(9,219)=1.88$，粒度和冲击速度的交互作用对破碎的影响也不显著。可见，冲击速度不仅对反弹距离起关键作用，对煤的破碎情况也起决定作用。

(2) 煤块破碎后粒度特性分析

为便于分析破碎后的粒度特征，定义一个指标参数：破碎比率——物料块破碎后的粒度与破碎前粒度的比值，表示物料冲击破碎后尺寸的缩小量，比值越小破碎效果越好，用符号 R_m 和 R_g 分别表示煤和矸石的破碎比率。按照不同粒度水平和不同速度水平求破碎比率的平均值，绘制破碎比率与粒度和冲击速度的关系，并用最小二乘法拟合，如图 3-17 所示。

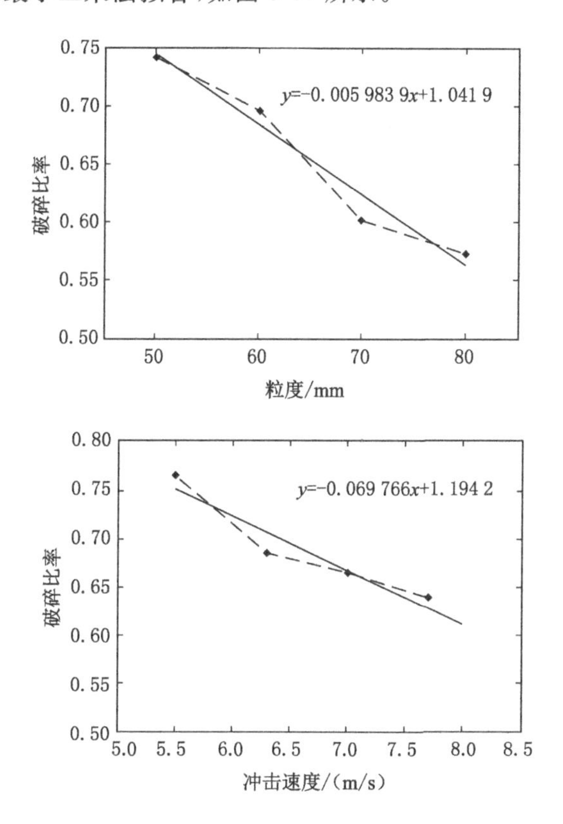

图 3-17　煤块粒度和冲击速度与破碎比率的关系

从图 3-17 可以看出，煤块的破碎比率随原始粒度的增大有明显的减小趋势，也即煤块的粒度越大，破碎越严重，这对实现弹力破碎分选很有利。煤块的粒度越大，破碎后尺寸减小越大，破碎后的煤块绝大多数可以通过筛网，实现煤和矸石的分选。并且从图 3-17 中可以看出，煤块破碎后粒度在 35～45 mm 之间，保证煤块破碎后的块煤率。

从图 3-17 还发现煤块的破碎比率随着冲击速度的增大也有明显的减小趋势，这与破碎比功学说符合。煤块破碎产生的新表面对应于煤块能量的减少，破碎前后尺寸减小越大需要的能量越多。初始冲击速度越大，冲击破碎前后能量的损失就越大，从能量平衡的角度上看，应该有更多的表面产生，亦即破碎后的粒度减小也越严重。

(3) 煤块破碎概率统计

虽然煤块破碎后可以满足选择性分选的要求，但能够实现破碎的煤块的比重则是影响分选效果的另一个因素。根据前面的分析，冲击速度是决定煤块能否破碎的关键因素，因此在进行统计分析时主要按照冲击速度不同进行分类。定义另一个指标参数：破碎概率——物料在某个冲击速度下发生破碎的概率，用符号 P_m 和 P_g 分别表示煤和矸石的破碎概率。将试验所用的所有冲击速度按照 0.2 m/s 的区间大小分开，并分别计算每个区间内煤块破碎的概率，如图 3-18 所示。

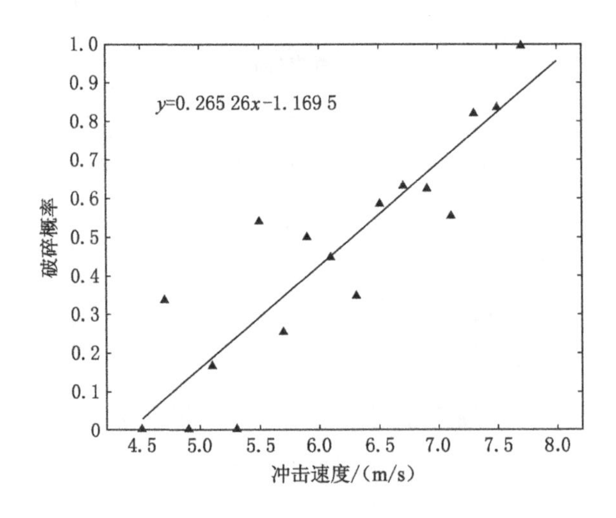

图 3-18　煤块破碎概率和冲击速度的统计关系

由图 3-18 可见，煤块的破碎概率与冲击速度基本呈线性关系，冲击速度越大，破碎的概率也越大。当冲击速度达到 7.3 m/s 时破碎概率达到 80%以上；

当冲击速度达到 7.7 m/s 时，所有试验的煤块全部破碎，此速度下的破碎比率大约为 0.6，即对于绝大多数的煤块都能破碎到某一指定的粒度。

2. 矸石冲击破碎的影响因素和破碎后粒度分析

(1) 矸石破碎的影响因素分析

矸石破碎的影响因素分析方法，仍然采用两因素四水平不等重复试验的方差分析，将试验数据按方差分析数据表分类填写。用“1”表示破碎，用“0”表示未破碎，表 3-8 中数据为对应因素水平下目标值的平均值，括号内数字为对应的重复试验次数。

表 3-8 矸石破碎影响因素分析数据表

	B_1	B_2	B_3	B_4
A_1	0(7)	0.090 9(11)	0.285 7(7)	0.2(15)
A_2	0.142 9(14)	0.285 7(21)	0.214 3(14)	0.333 3(15)
A_3	0(14)	0.142 9(21)	0.363 6(11)	0.142 9(7)
A_4	0.142 9(7)	0(6)	0.333 3(9)	0.545 4(11)

有效试验矸石块 121 块，破碎 40 块，计算各项离差，见表 3-9。

表 3-9 矸石破碎影响因素方差分析表

来源	离差平方和	自由度	均方离差	F 值
因子 A	$Q_A=0.716\ 8$	3	$S_A^2=\frac{Q_A}{3}=0.238\ 9$	$F_A=\frac{S_A^2}{S_E^2}=1.485\ 7$
因子 B	$Q_B=1.687\ 8$	3	$S_B^2=\frac{Q_B}{3}=0.562\ 6$	$F_B=\frac{S_B^2}{S_E^2}=3.498\ 8$
交互作用 I	$Q_I=2.5582$	9	$S_I^2=\frac{Q_I}{9}=0.284\ 2$	$F_I=\frac{S_I^2}{S_E^2}=1.767\ 4$
误差	$Q_E=27.986\ 6$	174	$S_E^2=\frac{Q_E}{N-16}=0.160\ 8$	
总和	$Q_T=32.949\ 4$	189		

显著水平仍然取 $\alpha=0.05$，取 $F_{0.05}(3,174)=2.60$，$F_{0.05}(9,174)=1.88$。从表 3-9 可以看出 $F_A=1.485\ 7<F_{0.05}(3,174)=2.60$，粒度对破碎情况影响不显著；$F_B=3.498\ 8>F_{0.05}(3,174)=2.60$，冲击速度对矸石破碎情况的影响显著，

但不及对煤块破碎的影响显著，主要是由于试验的冲击速度还远未达到矸石大量破碎的速度阶段，虽然随着冲击速度的增大矸石的破碎比率会有所增加，但还不至于出现整体破碎现象；$F_{I}=1.7674<F_{0.05}(9,174)=1.88$，粒度和冲击破碎的交互作用对破碎的影响也不显著。可见，冲击速度仍然是影响矸石破碎比率的重要影响因素。因此，分析矸石破碎比率时仍从粒度和冲击速度两方面考虑，而破碎概率则仅考虑冲击速度。

(2) 矸石破碎后粒度特性分析

依照粒度和冲击速度将矸石归类，绘制在不同粒度水平和不同冲击速度水平上的平均破碎比率图，并用最小二乘法拟合，如图 3-19 所示。

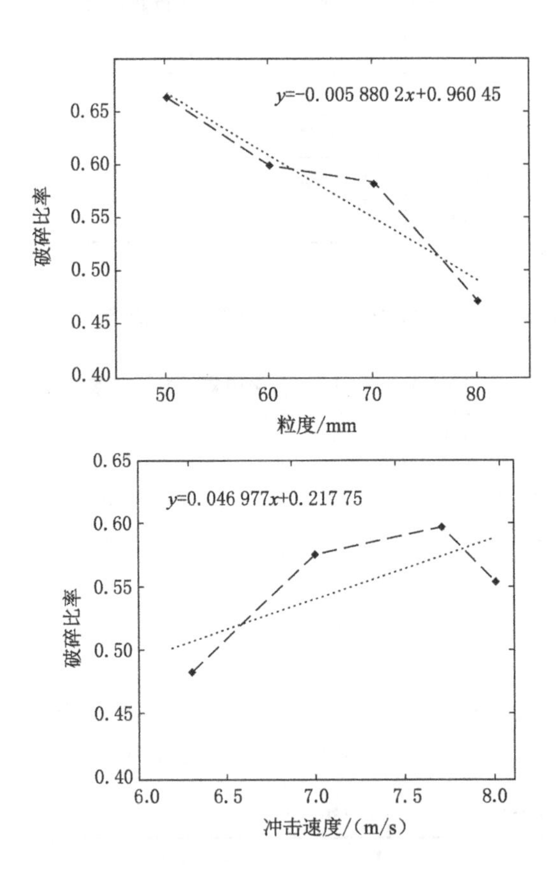

图 3-19 矸石粒度和冲击速度与破碎比率的关系

从图 3-19 可以看出，矸石的破碎比率变化与煤块相似，随原始粒度的增大也有明显的减小趋势，即矸石的粒度越大，破碎也越厉害。这主要是由于粒度大的矸石内部的缺陷较多，破碎时容易产生多个裂纹，并最终破碎为很多的小块，因此粒度减小比较严重，煤块出现类似现象的原因也是如此。

图 3-19 中矸石的破碎比率随冲击速度先增大后减小，与煤块的变化情况不同。结合试验现场分析，原因如下，在全部破碎的 40 块矸石中，破碎时冲击速度位于 7 m/s 以上的为绝大多数。在较低的冲击速度下发生的破碎不符合矸石的破碎条件，其之所以发生破碎，是由于试验的矸石内部含有大量缺陷，或者存在夹煤现象，因此较低冲击速度的破碎规律不能代表矸石的破碎性质。当冲击速度大于 7 m/s 后，如图 3-20 所示，破碎比率随着冲击速度的增加出现减小现象，这与破碎比功学说相对应。

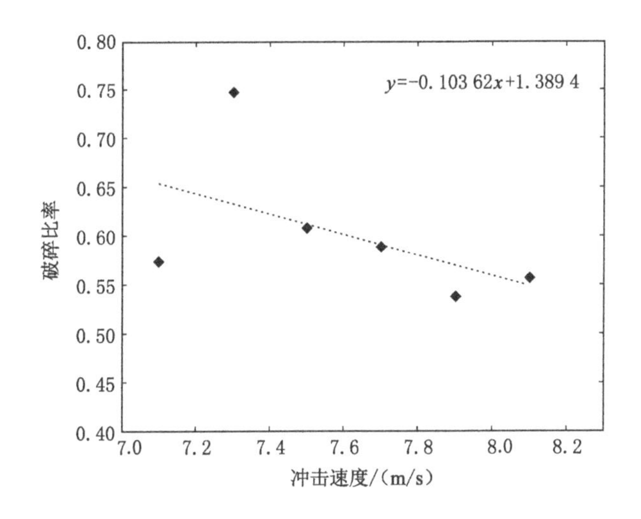

图 3-20 7 m/s 以上的冲击速度和破碎比率的关系

(3) 矸石破碎概率统计

矸石的破碎概率是影响分选效果的另外一个重要因素，矸石破碎得越少，分选出的煤所含的矸石也就越少。冲击速度是决定矸石破碎概率的显著因素，故矸石破碎概率的统计分布仍按照冲击速度不同进行分类。将试验的冲击速度按 0.2 m/s 的区间大小分开，并分别计算每个区间内矸石的破碎概率，如图 3-21 所示。

从图 3-21 看出，矸石的破碎概率与冲击速度基本呈线性的关系，随着冲击速度的增大，矸石的破碎概率也呈增大趋势，但冲击速度介于 7 m/s 至 7.5 m/s

之间时，破碎概率基本在20%左右，冲击速度为7.5 m/s以上时，破碎概率并没有随冲击速度的增大而激增。从这些统计数据可以看出，合理地控制冲击速度，分选后煤中的混矸可以控制在一定范围内。

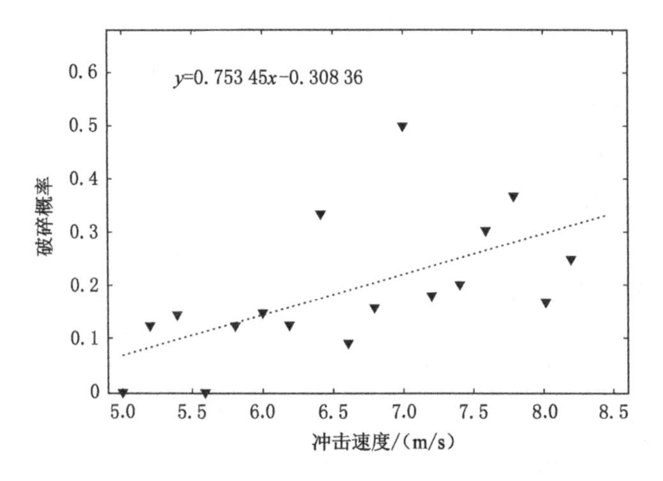

图3-21　矸石破碎概率和冲击速度的统计关系

3.3　试验与理论分析对比研究

在第2章中对煤和矸石的反弹距离及破碎的冲击速度进行了理论计算，但均是在假设煤和矸石块为圆球状且各种条件为理想状况下得出的。而实际上，煤和矸石块不可能为圆球状，各种冲击反弹实验条件也非理想条件，煤和矸石的材质条件也非理想状况。因此，必须将理论推导和煤矸冲击试验结合，用试验数据对煤和矸石的反弹距离公式及破碎速度公式进行修正。

3.3.1　反弹距离公式修正

第2章中，通过理论分析得到反弹距离的计算公式为：$S=e\sqrt{(2Hv_1^2-L^2g)/g}$，从中可以看出，反弹距离仅与冲击速度有关，而与粒度无关，这和前面反弹距离影响因素分析所得结论一致。本次试验中$H=0.874$ m，$L=0.880$ m，$g=9.8$ m/s^2，e与煤和矸石的材料和冲击速度相关，v_1为试验变量。将上述试验常数代入反弹距离公式得到：

$$S=e\sqrt{0.178\,4v_1^2-0.774\,4} \tag{3-18}$$

根据试验数据对式(3-18)进行修正，得到不规则形状的煤和矸石块的反弹距离公式。

(1) 煤块反弹距离公式修正

式(3-18)中得到的反弹距离单位为 m,试验时所有的单位为 mm,将单位统一。另外,式中 e 为一个与煤块材质和冲击速度有关的量,在本试验中,视煤块性质相同,故将煤块的恢复系数 e 视为一个与冲击速度有关的函数 $e_m(v_1)$;并且反弹距离修正后,修正系数未知,但应与冲击速度有关,用一个与冲击速度相关的修正函数 $p_m(v_1)$表示。此时,煤块反弹距离公式表示为:

$$\begin{aligned} S_m &= 1\,000e_m(v_1)p_m(v_1)\sqrt{0.178\,4v_1^2-0.774\,4} \\ &= 1\,000p'_m(v_1)\sqrt{0.178\,4v_1^2-0.774\,4} \end{aligned} \tag{3-19}$$

式中 $e_m(v_1)$——煤块恢复系数函数;

$p_m(v_1)$——煤块修正系数函数;

$p'_m(v_1)$——煤块综合修正系数函数;

S_m——煤块反弹距离。

将试验冲击速度按照 0.2 m/s 的区间分开,以每个区间的速度中点作为该区间的速度值,并分别求各个速度区间对应反弹距离的平均值,表示该速度值下的反弹距离试验值;用未加综合修正函数的反弹距离公式求出相应的反弹距离初算值。最后求两者比值,见表 3-10。该比值用 MATLAB 回归为冲击速度的函数,即为综合修正系数函数。

表 3-10 反弹距离试验值和初算值的比值

冲击速度/(m/s)	4.6	4.8	5.0	5.2	5.4	5.6	5.8	6.0
反弹距离试验值/mm	378	435	389	324	440	308	399	474
反弹距离初算值/mm	1 710	1 803	1 896	1 988	2 079	2 170	2 260	2 349
比值	0.221	0.241	0.205	0.163	0.212	0.142	0.177	0.202
冲击速度/(m/s)	6.2	6.4	6.6	6.8	7.0	7.2	7.4	7.6
反弹距离试验值/mm	513	433	442	416	488	568	457	498
反弹距离初算值/mm	2 438	2 527	2 615	2 703	2 791	2 878	2 966	3 053
比值	0.210	0.171	0.169	0.154	0.175	0.197	0.154	0.163

一般函数均可以泰勒展开为多项式,因此数据拟合时对结构形式未知的函数一般采用多项式拟合。经多次的拟合对比,发现二次多项式拟合精度较高,所得的二次多项式为:

$$p'_{m}(v_1) = 0.0078v_1^2 - 0.1123v_1 + 0.5712 \tag{3-20}$$

将式(3-20)代入式(3-19)并化简,得到修正后煤块的反弹距离公式:

$$S_m = 3.5168v_1^3 - 53.2320v_1^2 + 294.9546v_1 - 190.3064 \tag{3-21}$$

对比修正后的煤块反弹距离公式和试验反弹距离,两者较符合,如图 3-22 所示。

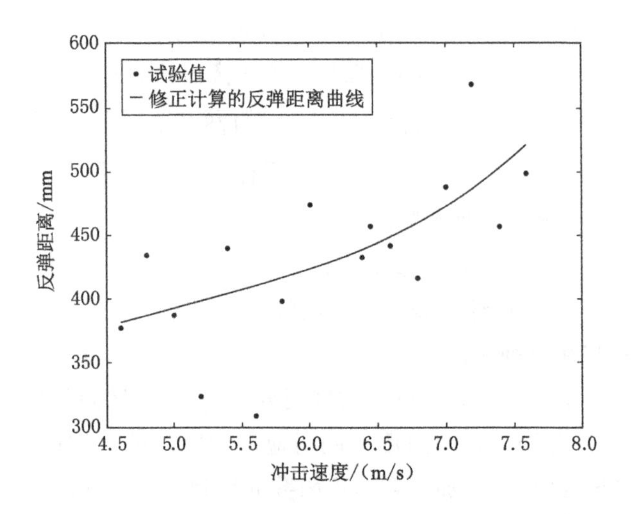

图 3-22 修正计算的煤块反弹距离曲线和试验反弹距离

(2) 矸石反弹距离公式修正

矸石反弹距离公式和煤块基本相同,其修正过程和煤块也基本一样,在此不再赘述,得到矸石综合修正系数函数和修正后矸石反弹距离公式:

$$p'_{g}(v_1) = 0.00246v_1^2 - 0.3177v_1 + 1.2006 \tag{3-22}$$

$$S_g = 11.0915v_1^3 - 151.4389v_1^2 + 647.1681v_1 - 400.0032 \tag{3-23}$$

式中 $p'_{g}(v_1)$——矸石综合修正系数函数;

S_g——矸石反弹距离公式。

将修正后的矸石反弹距离实验值和计算值进行对比,两者吻合度更高,见图 3-23。

通过对煤和矸石反弹距离计算公式的修正拟合,得到本试验条件下精度较高的反弹距离计算公式。该公式对新汶矿业集团有限责任公司协庄煤矿的煤层条件下的煤矸分离具有参考价值,同时也为计算煤和矸石反弹距离、确定分选条件提供一种可行方法。

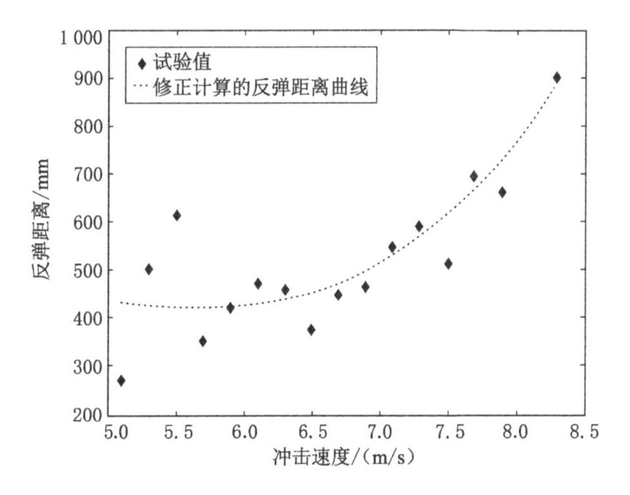

图 3-23 修正计算的矸石反弹距离和试验反弹距离

3.3.2 煤块破碎冲击速度公式修正

弹力式煤矸分选系统中，冲击速度是一个关键的参数，决定了煤和矸石以何种途径分选和分选的效果，是将反弹和破碎两种分选途径联系在一起的关键因素。在实际生产中，冲击速度是最直接也是最可控的分选参数，直接反映分选系统的能耗和能量利用情况，也是影响分选效率的一个重要参数。因此，合理地选择冲击速度不仅是调整分选途径的关键，更是提高分选效率的关键。

仅对煤块的破碎速度进行分析。一方面，由于试验过程中矸石破碎的很少，达不到回归分析的数据样本要求；另一方面，主要是由于评价分选效果时矸中含煤率要求高于煤中含矸率的要求。煤块的破碎情况直接决定了原煤中可以分选出煤的多少，而矸石的破碎情况只是影响矸石混入煤中的多少，在不浪费煤炭的基础上，井下的煤矸分选允许有部分矸石混入煤中。

第 2 章推导出一个破碎冲击速度公式，用以计算煤或矸石由原始粒度 D_p 破碎到粒度 d_p 所对应的冲击速度。该公式是在理想的状况下结合前人的经验公式推导出的，不具备实际指导作用。通过试验数据对该公式进行修正，使其具有实际指导意义。

前面得到的破碎冲击速度公式为：

$$v_1=\sqrt{\frac{4K_B(\sqrt{D_p}-\sqrt{d_p})}{\rho(1+e^2)\sqrt{D_p d_p}}}$$

为便于分析将其转化为：

$$v_1^2=\frac{4K_B}{\rho(1+e^2)}\left(\frac{1}{\sqrt{d_p}}-\frac{1}{\sqrt{D_p}}\right)\tag{3-24}$$

从式(3-24)发现,式子右边为一个常系数,虽然有资料给出了相关系数的统计数据,但由于个体煤块的材料常数和统计数据存在差异,因此冲击速度公式修正时,将式子右边的前半部分视为一个未知的常数。式(3-24)中含有两个不相关的量,即破碎前后的粒度值,因此必须进行多元回归分析。

常用的多元回归分析方法有线性和非线性两种。通过实际测算发现,线性回归方法得到的估计结果与试验测量的速度值误差太大,故采用非线性的多元回归分析。MATLAB 中的"nlinfit"函数专门用于非线性的最小二乘数据拟合,通过多次验证,采用如下形式的非线性模型能够较好地拟合试验数据:

$$v_1^2=b_1\left(\frac{1}{\sqrt{d_p}}\right)^2+b_2\left(\frac{1}{\sqrt{D_p}}\right)^2+b_3\left(\frac{1}{\sqrt{D_pd_p}}\right)+b_4\left(\frac{1}{\sqrt{d_p}}\right)+b_5\left(\frac{1}{\sqrt{D_p}}\right)+b_6\tag{3-25}$$

式中 b_i—常系数,$i=1,2,\cdots,6$。

经 MATLAB 拟合后得到冲击速度关于破碎前后粒度的公式:

$$v_1^2=2\,839.2\frac{1}{d_p}+2\,209.5\frac{1}{D_p}-11\,242\frac{1}{\sqrt{D_pd_p}}+286.05\frac{1}{\sqrt{d_p}}+1\,459.3\frac{1}{\sqrt{D_p}}-64.731\tag{3-26}$$

图 3-24 是式(3-17)所得曲面和试验散点的对比图。经计算有 53.92%的拟

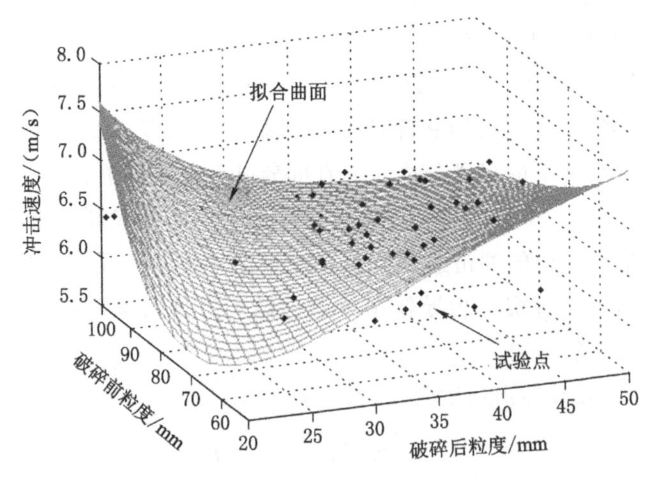

图 3-24 拟合曲面与试验散点对比

合冲击速度值和试验值的误差小于 5%，88.23%的拟合值与试验值误差小于 10%，最大误差值为 48.62%，拟合精度较高。

3.4 多矿区煤和矸石冲击破碎差别试验研究

3.4.1 试验结果

对从新汶协庄矿、徐州卧牛矿及济宁矿采集来的原煤中选取的煤和矸石样品进行冲击破碎试验。利用 50 mm×50 mm 的筛网并配合钢尺选择试验用煤和矸石，块体粒度为 50～100 mm，尺寸不再做详细的分级。试验时，对试样进行称重后进行一次冲击试验，破碎物料利用 50 mm×50 mm 筛网进行筛分，称量筛上物料的质量；再对筛上物料以同一速度进行二次冲击，筛分后记录筛上物料质量。实验结果见表 3-11～表 3-16。

表 3-11　协庄矿煤冲击破碎试验结果

冲击速度/(m/s)	冲击前物料质量/kg	第一次冲击		第二次冲击	
		>50 mm 质量/kg	破碎率	>50 mm 质量/kg	破碎率
7.67	11.86	8.95	0.245	5.68	0.521
8.85	9.22	6.28	0.319	3.9	0.577
9.90	9.18	4.12	0.551	2.12	0.769
10.84	8.48	3.72	0.561	1.48	0.825
11.71	8.44	2.28	0.730	0.5	0.941
12.52	8.45	1.95	0.769	0.36	0.957

表 3-12　卧牛矿煤冲击破碎试验结果

冲击速度/(m/s)	冲击前物料质量/kg	第一次冲击		第二次冲击	
		>50 mm 质量/kg	破碎率	>50 mm 质量/kg	破碎率
6.26	8.97	6.78	0.244	3.60	0.599
7.67	8.85	5.55	0.373	3.27	0.631
8.85	8.80	4.28	0.514	1.15	0.869
9.90	8.42	2.42	0.713	0.61	0.928
10.84	8.61	2.17	0.748	0.43	0.950
11.71	8.25	1.86	0.775	0.24	0.971

表 3-13　济宁矿煤冲击破碎试验结果

冲击速度/(m/s)	冲击前物料质量/kg	第一次冲击		第二次冲击	
		>50 mm 质量/kg	破碎率	>50 mm 质量/kg	破碎率
8.85	11.90	9.05	0.239	6.55	0.465
9.90	12.64	8.10	0.359	5.00	0.604
10.84	9.41	4.75	0.495	2.51	0.733
11.71	10.28	4.31	0.581	1.67	0.838
12.52	13.50	4.80	0.644	1.40	0.916
13.28	10.76	3.52	0.673	0.58	0.956

表 3-14　协庄矿矸石冲击破碎试验结果

冲击速度/(m/s)	冲击前物料质量/kg	第一次冲击		第二次冲击	
		>50 mm 质量/kg	破碎率	>50 mm 质量/kg	破碎率
7.67	11.35	10.34	0.089	8.75	0.229
8.85	12.51	10.46	0.164	8.63	0.310
9.90	10.65	8.49	0.203	7.00	0.343
10.84	10.82	7.81	0.278	6.68	0.383
11.71	11.52	7.80	0.323	6.50	0.436
12.52	10.47	6.50	0.379	5.42	0.482

表 3-15　卧牛矿矸石冲击破碎试验结果

冲击速度/(m/s)	冲击前物料质量/kg	第一次冲击		第二次冲击	
		>50 mm 质量/kg	破碎率	>50 mm 质量/kg	破碎率
7.67	17.60	17.25	0.016	17.10	0.028
8.85	19.05	18.10	0.05	17.65	0.083
9.90	15.75	14.35	0.089	13.85	0.121
10.84	16.60	14.75	0.111	13.50	0.187
11.71	16.30	13.30	0.154	11.80	0.246

表 3-16 济宁矿矸石冲击破碎试验结果

冲击速度/(m/s)	冲击前物料质量/kg	第一次冲击		第二次冲击	
		>50 mm 质量/kg	破碎率	>50 mm 质量/kg	破碎率
8.85	18.65	17.88	0.041 3	17.48	0.062 7
9.90	19.42	17.80	0.072 5	17.30	0.109 1
10.84	18.86	16.72	0.113 4	16.05	0.149
11.71	21.85	18.55	0.151	17.88	0.171 7
12.52	19.61	16.19	0.179 3	15.40	0.214 5
13.28	20.16	16.20	0.191 5	15.32	0.233 1

3.4.2 试验数据处理与分析

对表3-11～表3-16中试验数据进行回归拟合，经过方差及置信水平比较以后，对矸石和煤选用线性函数拟合结果，所得冲击速度与破碎率关系曲线与关系方程见图3-25～图3-27。

在保证煤的破碎率为95%的条件下，应用煤和矸石破碎率与冲击速度关系拟合方程，分别对一次冲击破碎和两次冲击破碎进行计算，得到相应速度下矸石的破碎率，结果如表3-17所示。

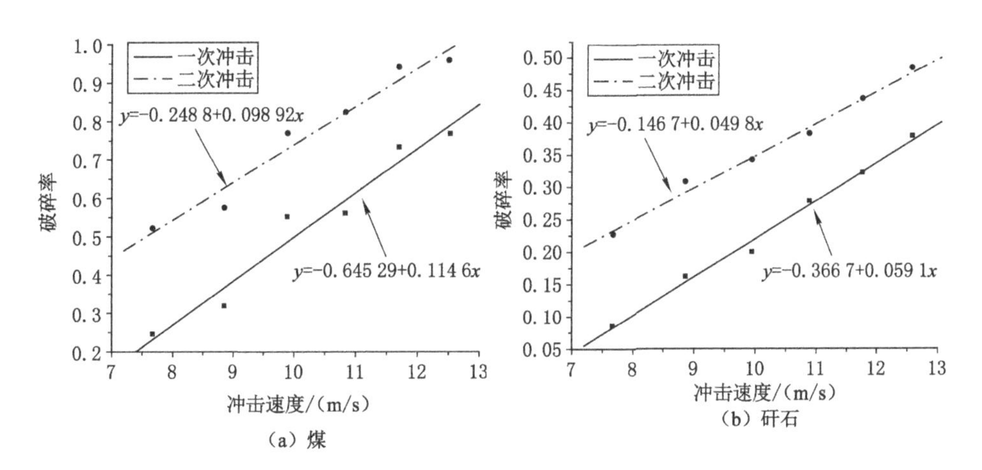

图 3-25 协庄矿煤和矸石冲击速度与破碎率关系

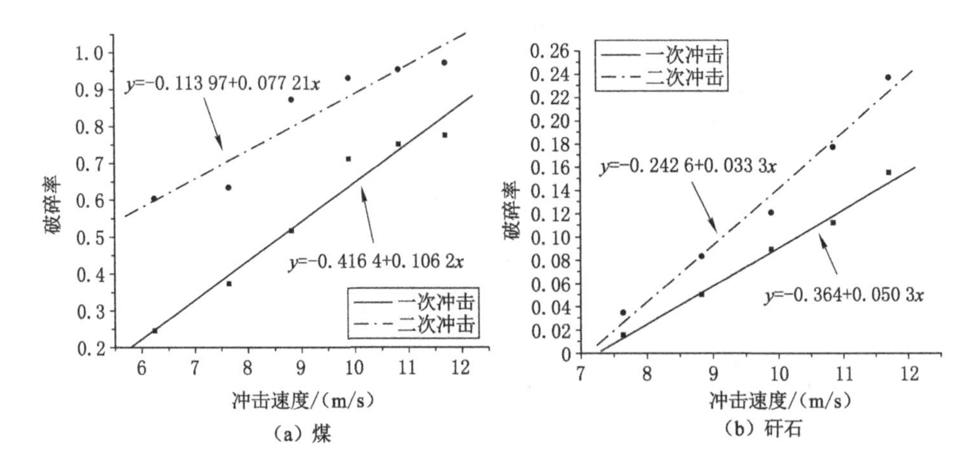

(a) 煤　(b) 矸石

图 3-26　卧牛矿煤和矸石冲击速度与破碎率关系

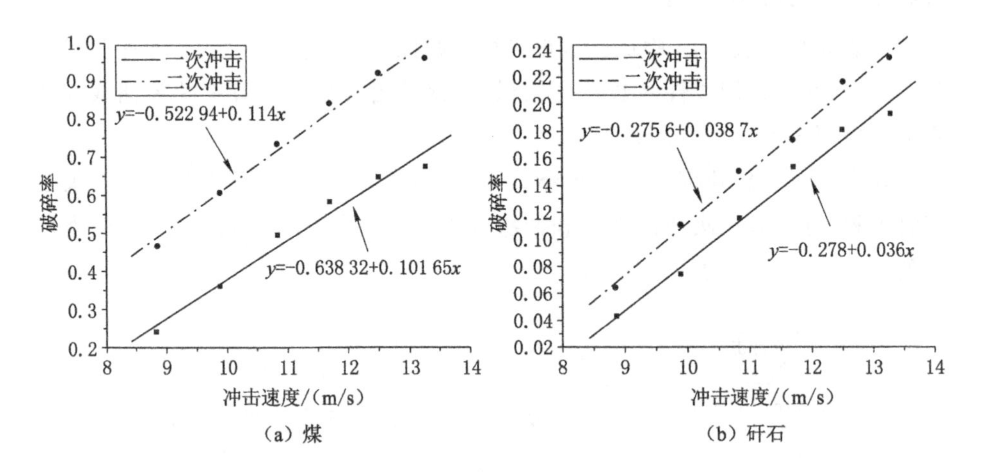

(a) 煤　(b) 矸石

图 3-27　济宁矿煤和矸石冲击速度与破碎率关系

表 3-17　煤 95%破碎条件下矸石的破碎率

	破碎率/%		
	协庄矿	卧牛矿	济宁矿
一次冲击	45.6	28.3	28.45
二次冲击	45.68	11.8	22.4

比较煤和矸石冲击速度与破碎率关系曲线与表 3-17 可以发现：协庄矿、卧牛矿和济宁矿原煤在满足煤的破碎率为 95%的条件时，采用一次冲击破碎方式

和采用二次冲击破碎方式矸石的破碎率不尽相同；协庄矿在保证煤的破碎率为95%时，采用一次冲击破碎方式比采用二次冲击破碎方式所需的冲击速度高，破碎物料时矸石的破碎率基本相同；卧牛矿和济宁矿在保证煤的破碎率为95%时，采用二次冲击破碎方式时矸石的破碎率较一次冲击破碎方式有一定程度的下降，为了满足煤的分选效果，应采用二次冲击破碎方式。

试验过程中，对协庄矿、卧牛矿和济宁矿的煤和矸石的普氏硬度系数进行了测量，所得结果如表3-18所示。

表3-18 不同煤矿煤和矸石的普氏硬度系数

来源	普氏硬度系数	
	煤	矸石
协庄矿	1.582	4.369
卧牛矿	1.334	3.394
济宁矿	1.793	3.903

根据上述三个煤矿煤的冲击破碎试验所得数据，在保证煤的破碎率达到95%的条件下，对煤的普氏硬度系数与破碎所需冲击速度关系（表3-19）进行拟合，所得拟合曲线及方程如图3-28所示。

表3-19 煤的普氏硬度系数与所需冲击速度关系

煤的普氏硬度系数 f	破碎所需冲击速度/(m/s)
1.582	12.12
1.334	10.75
1.793	13.04

拟合后发现，煤95%破碎时所需的冲击速度与煤的普氏硬度系数基本呈直线关系，并得到直线方程：

$$y = 4.1174 + 5.007x \tag{3-27}$$

式中 x——普氏硬度系数；

y——冲击速度，m/s。

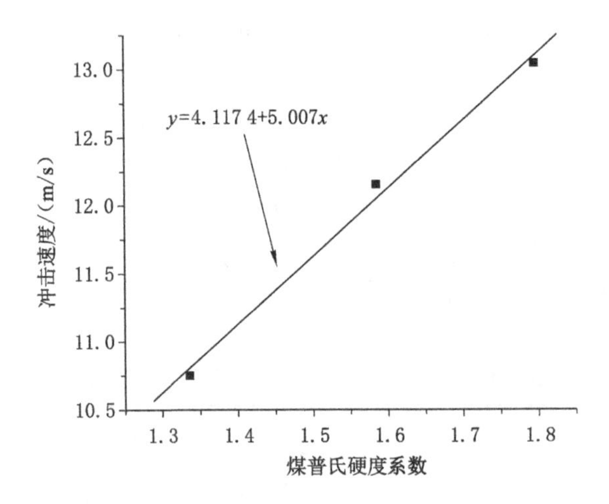

图 3-28　95％煤破碎冲击速度与普氏硬度系数关系

3.5　本章小结

(1) 通过对试验数据分析得到：影响煤和矸石反弹距离的主要因素为冲击速度，粒度对反弹距离的影响甚小；煤和矸石的反弹距离分布近似为正态分布，全部矸石的反弹距离分布近似为 Γ 分布；矸石在整体均值和多数速度水平下的反弹距离大于煤块，但差异不明显。

(2) 影响煤和矸石破碎的主要因素为冲击速度，粒度的影响作用较之反弹距离已有所提升；煤和矸石的破碎比率与粒度和冲击速度的关系可以拟合为斜率为负值的直线；煤和矸石在弹力作用下发生破碎的概率随冲击速度基本呈线性增大。

(3) 通过对试验数据的回归分析，将煤和矸石的反弹距离理论公式修正为关于冲击速度的三次多项式，并将修正公式和试验数据进行对比，两者吻合情况较好；将煤块的破碎冲击速度公式修正为关于破碎前后煤粒度的多项式，并用试验散点对拟合曲面进行对比，拟合精度较高。

(4) 分别从协庄矿、卧牛矿和济宁矿采集样品进行试验，获得了煤和矸石一次冲击和二次冲击时的破碎率与冲击速度的关系曲线与方程，表明了选择性破碎分选应进行第二次冲击方能有效实施，根据冲击试验所得数据，拟合得到在两次冲击条件下煤 95％破碎时所需冲击速度与煤的普氏硬度系数关系方程。

4 破碎预测及分选效果评价

前面对煤和矸石在弹力作用下的反弹距离、煤的破碎效果和破碎速度进行了分析，并通过回归拟合得到了适合于试验条件的反弹距离和破碎速度计算公式。由于评价破碎情况有破碎比率和破碎概率两个指标，并且它们不仅与冲击速度有关，还与试验样本的粒度有很大的关系。传统的方差分析仅能分析出这两个指标与哪些因素相关，但具体是什么关系并不明确，常用的回归拟合在这种多因素情况下，所得到的结果通常不能令人满意。而人工神经网络(artificial neural network，ANN)不考虑各个输入及输入和输出之间的具体关系，直接根据输入和输出数据训练网络，是多因素数据分析的先进方法，并具有显著的预测功能。

人工神经网络，是在现代神经生物学研究成果的基础上发展起来的一种模拟人脑信息处理机制的网络系统，它不但具有处理数据的一般计算能力，而且还具有处理知识的思维、学习和记忆能力。利用人工神经网络的学习功能，用大量的样本对其进行训练，调整连接权值和阈值，然后利用已经确定的网络对未试验的结果进行预测。因此，本章首先对部分试验的样本值进行训练，根据训练的人工神经网络结合未训练的数据进行预测，并将预测结果与试验实测值相比较，考察人工神经网络在本试验中的预测能力。如果预测能力满足要求，则根据此网络对弹力作用效果进行预测，并提供一种更实用、先进的分析和预测方法。

BP 神经网络是目前人工神经网络中研究最深入、应用最广泛的一种模型。因此本书主要采用 BP 神经网络对试验数据进行分析和预测。

弹力作用的目的是实现煤和矸石的分选，分选效果是检验该种方法的指标，因此煤和矸石分选结果的量化计算是考证分选效果的一个有力根据。本章依据煤和矸石的弹力作用效果，引入分选指标，给出具体的计算公式来衡量分选效果，并结合试验数据和人工神经网络预测校验该公式的实用性。

4.1 BP 神经网络的设计

BP 神经网络是一种单向传播的多层前向网络，一般具有三层或三层以上的神经网络，包括输入层、中间层（隐含层）和输出层。上下层之间实现全连接，而每层神经元之间无连接。当一组学习样本提供给网络后，神经元的激活值从输入层的各中间层向输出层传播，输出层的各神经元获得网络的输入响应。然后按照减小目标输出与实际误差的方向，从输出层经过各中间层逐层修正各个连接权值，最后回到输入层。因此设计 BP 神经网络时，一般应考虑网络的层数、每层的神经元个数、初始值以及学习方法等。

（1）输入和输出层的设计

输入的神经元可以根据需要求解的问题和数据的表示方法确定。例如输入的是模拟信号波形，那么输入层可以根据波形的采样点数目决定输入单元的维数。选择冲击速度及煤和矸石的粒度作为二维向量输入。输出层的神经元可根据使用者的要求确定，本书定义破碎比率和破碎概率两个指标，故输出层的神经元也为二维向量。

（2）隐含层的选择

对于神经网络，首先需要确定选用几层隐含层，隐含层起抽象的作用，能从输入提取特征。增加隐含层，可以增加人工神经网络的处理能力，但使训练复杂化和训练时间增加。一般来说，开始设定一个隐含层，如果不能满足需要，再增加隐含层。并且单隐含层 BP 神经网络的非线性映射能力比较强，对于任何在闭区间的连续函数都可以用单隐含层的 BP 神经网络逼近，一个三层 BP 神经网络可以完成任意的 n 到 m 维的映射。因而本书选用单隐含层 BP 神经网络。

隐含层神经元数的选择是一个较复杂的问题，需要多次试验确定。隐含层神经元的数目与问题的要求、输入、输出的单元数目都有直接关系。隐含层神经元数目太少会出现误差过大、训练精度无法满足等问题，而数目太多会导致学习时间过长、误差不一定最佳，也会导致容错性差、不能识别以前没有遇到的样本。而隐含层神经元数并无明确规定，经常采用如下经验公式确定隐含层神经元个数：

$$n_1 = \sqrt{m+n} + a \tag{4-1}$$

式中　n_1——隐含层神经元数；

m——输出神经元数；

n——输入神经元数；

a——[1～10]之间的常数。

根据该公式计算，本书 BP 神经网络隐含层神经元数的初始取值范围为 3～12。隐含层神经元的具体个数则需要通过网络误差对比，并以此确定最佳数值。

(3) 初始值的选取

由于系统是非线性的，初始值对于学习能否达到局部最小及是否能够收敛关系很大。如果初始值太大，使加权后的输入落在传递函数的饱和区，从而使调节过程几乎停顿。本书冲击速度值及粒度的差别都较大，因此需要对输入样本进行归一化处理，使初始值落在区间[－1，1]。

另外，采用不同的训练函数对网络的性能也有影响，比如收敛速度等。BP 神经网络的训练函数主要有标准 BP 算法训练函数(trainbp)、梯度下降动量法训练函数(traingdx)、L-M 反传算法训练函数(trainlm)等。一般情况下，L-M 反传算法训练函数收敛速度最快，并且网络训练误差也较小。因此，本 BP 网络优先采用 L-M 反传算法训练函数。

4.2 煤和矸石破碎效果和速度的预测分析

4.2.1 煤块破碎的神经网络预测

煤块的破碎情况不仅与冲击速度相关，还与试验煤块的粒度有关，输入训练样本数据时应考虑这两个因素。由于单个煤块试验时所得的试验数据随机性较大，需要以多个数据的均值作为输入。首先，将试验煤块按照粒度分为 20 个区间，以每个区间上试验煤块粒度的均值作为一个粒度输入；然后，在每个区间内再按照冲击速度重新分割。总共得到 90 组数据作为训练样本，归一化处理后，以这 90 组数据中的冲击速度和粒度作为二维向量输入，以破碎概率和破碎比率作为二维向量输出。以此进行网络训练，并确定隐含层神经元个数。网络训练误差如表 4-1 所示，表中网络误差表示网络拟合值与训练值误差矩阵的 2-范数。

经试训，当隐含层神经元数达到 32 以上后，通过较少训练步数就能将单值误差控制在 10^{-3} 以下，经综合对比，选取隐含层神经元数为 39，网络经过较多时间训练即可达到目标误差要求。确定煤块破碎情况预测的 BP 网络结构，如表 4-2 所示。

表 4-1 网络训练误差

隐含层神经元个数	3	4	5	6	7	8	9	10	11	12
网络误差	3.179	3.047	2.838	2.861	2.500	2.195	2.060	2.174	2.044	1.606

表 4-2 煤块 BP 网络结构

网络结构	隐含层神经元数	训练函数	训练误差
三层 BP 网络	39	trainlm	0.983×10^{-3}

训练结束后，在重复试验次数较多的数据中随机抽取 10 组作为检测样本进行预测分析，并以每组试验数据的平均值作为试验值与预测值对比，见图 4-1。

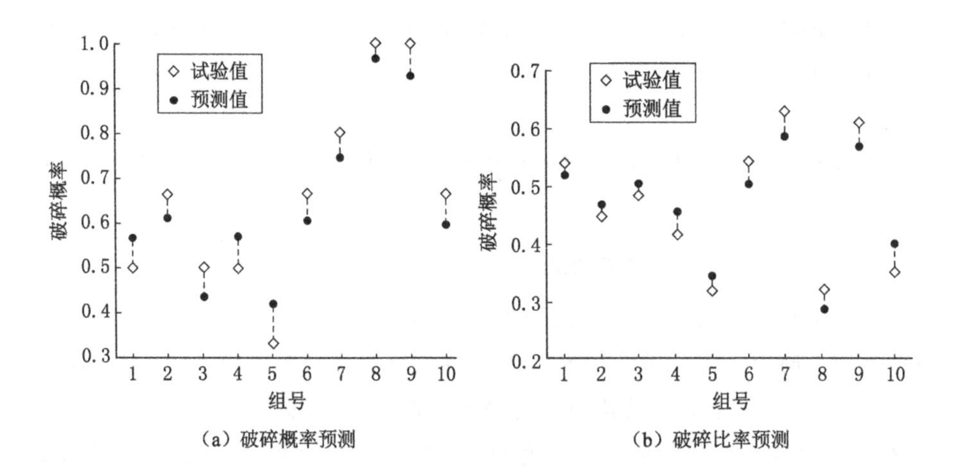

(a) 破碎概率预测

(b) 破碎比率预测

图 4-1 煤块破碎预测效果

从图 4-1 看出，人工神经网络较好地预测了破碎情况，但由于网络训练时采用的是数据点的试验均值，因此，对于试验次数较多均值有较好预测效果。经试预测，由于煤块个体性质的随机性，对重复次数较少的试验点的预测情况并不理想。

4.2.2 矸石破碎的神经网络预测

矸石破碎情况的 BP 网络设计方法与煤一样，训练输入样本数据为 37 组，表 4-3 为矸石破碎情况预测的 BP 网络结构。

表 4-3 矸石 BP 网络结构

网络结构	隐含层神经元数	训练函数	训练误差
三层 BP 网络	22	trainlm	0.937×10^{-3}

训练结束后，仍然在重复试验次数较多的数据中随机抽取 10 组作为检测样本进行预测分析，并以每组试验数据的平均值作为试验值与预测值对比，见图 4-2。

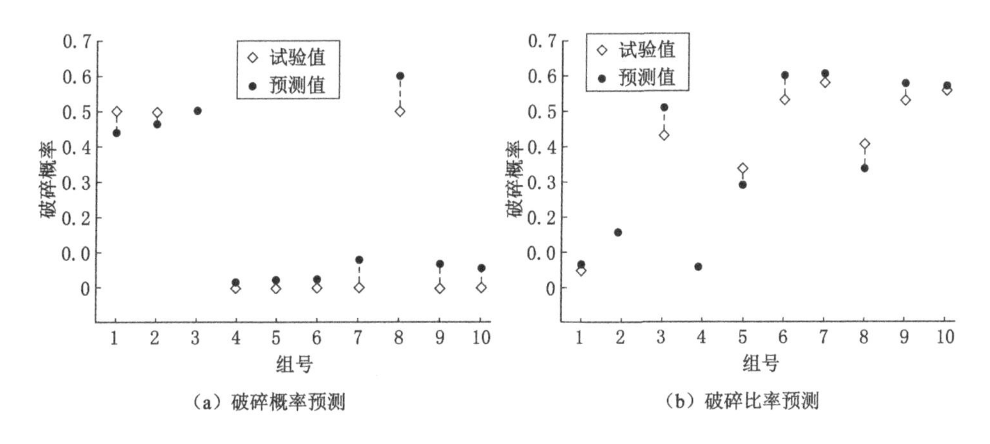

(a) 破碎概率预测　　(b) 破碎比率预测

图 4-2 矸石破碎预测效果

4.2.3 煤块破碎冲击速度的神经网络预测

鉴于人工神经网络的强大预测功能和在本试验应用中取得的良好预测效果，也对破碎冲击速度进行训练和预测，并将之与拟合公式计算结果对比，看能否优于拟合计算结果。

采用与破碎情况相同预测的方法，设计网络并将数据进行分类作为人工神经网络的输入进行训练，然后在重复试验次数较多的数据中随机抽取 20 组煤块数据作为预测样本，同时将这 20 组数据代入式(3-27)计算出拟合数值，然后将得到的两组数据与试验测试值比较分析其误差，见图 4-3，图 4-3 中纵坐标值表示误差值。可以发现，神经网络在破碎冲击速度预测应用时的预测值和拟合公式计算值比较接近，预测误差值和计算误差值相比有少许减小。

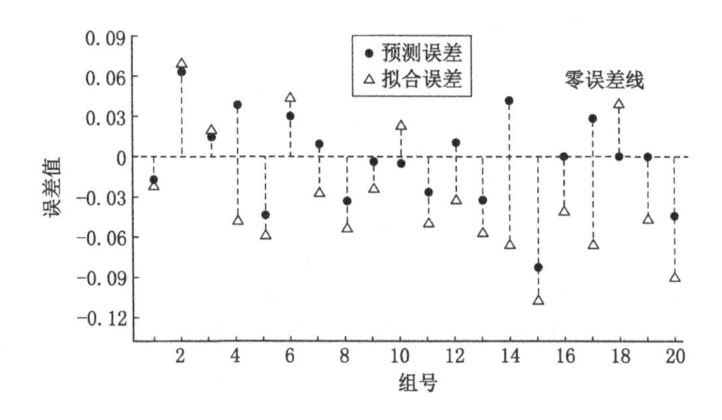

图 4-3　破碎冲击速度的拟合误差与预测误差比较

4.3　分选效果评价

碰撞反弹分选是理想的分选途径，它既不破坏原煤的初始粒度，保证了块煤率，还可以降低分选时的冲击速度，节省能耗。但碰撞反弹分选要求煤和矸石必须有较大的反弹距离差或明显的反弹距离分界，由于原煤采出后形状和性质的随机性，很难达到理想的分选效果。而试验时发现，当试验速度达到一定程度时，煤块基本破碎，矸石则基本没有或很少破碎，可以通过筛分实现分选。

弹力式煤矸分选时难免出现反弹较远的和硬度较大难以破碎的煤块，被误认为是矸石随输矸皮带输送用于填充；同时还有部分矸石较软在碰撞时也发生破碎，筛分后落入输煤皮带被误认为煤，输送上井。事实上，由于原煤中煤和矸石的性质和形状的不确定性，总会存在矸中含煤和煤中含矸的现象。由于井下弹力式分选只是对原煤进行初选，不可能使两者都能得到很好的满足，为了保证煤炭不浪费，当两者冲突时优先保证矸中含煤率低。

为了量化分选效果，引入两个分选指标：丢煤率和混矸率。所谓丢煤率，是指丢煤量与总煤质量的比值，用符号 R_{dm} 表示，其中丢煤量是指分选中随输矸皮带输送用于填充的煤的质量；混矸率，指混矸量与矸石总质量的比值，用符号 R_{dg} 表示，其中混矸量是指随输煤皮带运送上井的矸石的质量。在弹力式煤矸分选中，丢煤量包括反弹距离较远超过给定的挡板距离的煤量和在弹力作用下未发生破碎或破碎不充分未到分选筛网的煤的总量。混矸量则是硬度较小在弹力作用下破碎到分选筛网以下的矸石量。

下面根据试验的统计规律计算弹力式煤矸分选的分选效果。

已知条件：原煤质量为 A，含矸率为 K，初始粒度为 D_p，冲击速度为 v_1，分选挡板距离为 L_d，分选筛网尺寸为 D_s。则有：$T_m=A(1-K)$，$T_g=AK$，T_m 为总煤量，T_g 为总矸量。现分别计算丢煤率和混矸率。

(1) 丢煤率

丢煤量：

$$d_m = d_{1m} + d_{2m} \tag{4-2}$$

$$d_{1m} = T_m \cdot \int_{L_d}^{\infty} f_m(s)\mathrm{d}s$$

其中：

$$d_{2m} = (T_m - d_{1m}) \cdot (1 - P_m) + d'_{2m}$$

$$d'_{2m} = \begin{cases} (T_m - d_{1m}) \cdot P_m & D_p \cdot R_m < D_s \\ 0 & D_p \cdot R_m \geqslant D_s \end{cases}$$

式中　d_{1m}——反弹距离较远超过给定的挡板距离的煤量；

$f_m(s)$——煤在冲击速度为 v_1 时反弹距离的分布密度函数；

d_{2m}——弹力作用下未发生破碎和破碎不充分未到分选筛网的煤量；

P_m——粒度为 D_p 的煤在冲击速度为 v_1 时的破碎概率；

d'_{2m}——破碎不充分未到分选筛网大小的煤量；

R_m——粒度为 D_p 的煤块在冲击速度为 v_1 时的破碎比率。

丢煤率：

$$R_{dm} = \frac{d_{1m} + d_{2m}}{T_m} = \begin{cases} 1 & D_p \cdot R_m \geqslant D_s \\ 1 - P_m + P_m \cdot \int_{L_d}^{\infty} f_m(s)\mathrm{d}s & D_p \cdot R_m < D_s \end{cases} \tag{4-3}$$

可见煤块破碎后的粒度是否小于筛网的大小对丢煤率有至关重要的影响，因此在实际分选时筛网尺寸必须大于绝大部分煤块破碎后的粒度。

(2) 混矸率

混矸量：

$$d_g = \begin{cases} 0 & D_p \cdot R_g \geqslant D_s \\ (T_g - d_{1g}) \cdot P_g & D_p \cdot R_g < D_s \end{cases} \tag{4-4}$$

式中　d_{1g}—— 反弹距离超过挡板距离的矸石量，$d_{1g}=T_g\cdot\int_{L_d}^{\infty}f_g(s)\mathrm{d}s$，$f_g(s)$ 为矸石在冲击速度为 v_1 时反弹距离的分布密度函数；

P_g——粒度为 D_p 的矸石在冲击速度为 v_1 时的破碎概率；

R_g——粒度为 D_p 的矸石在冲击速度为 v_1 时的破碎比率。

混矸率：

$$R_{dg}=\frac{d_g}{T_g}=\begin{cases}0 & D_p\cdot R_m\geqslant D_s\\ P_g-P_g\cdot\int_{L_d}^{\infty}f_g(s)\mathrm{d}s & D_p\cdot R_m<D_s\end{cases}\tag{4-5}$$

从式(4-3)和式(4-5)看出，丢煤率和混矸率与分选的原煤质量无关，仅与分选的初设参数及煤与矸石弹力作用效果有关。实际分选时，由于原煤为连续入料，碰撞前后物料会发生干涉，导致反弹轨迹发生变化，可能出现煤和矸石的反弹距离分布没有明显的差异，仅能依靠破碎筛分分选。此时，对应的丢煤率和混矸率为：

$$R_{dm}=\begin{cases}1 & D_p\cdot R_m\geqslant D_s\\ 1-P_m & D_p\cdot R_m<D_s\end{cases}\quad R_{dg}=\begin{cases}0 & D_p\cdot R_m\geqslant D_s\\ P_g & D_p\cdot R_m<D_s\end{cases}\tag{4-6}$$

结合本试验，冲击速度介于 7.1～7.3 m/s 之间试验的煤块 23 块，17 块破碎，破碎后粒度均小于 50 mm；矸石块 16 块，4 块破碎，有 1 块破碎后粒度仍大于 50 mm，可按未破碎计算，并且煤块和矸石块的反弹距离无明显分层。故依据式(4-6)计算丢煤率和混矸率：

$$R_{dm}=1-P_m=\frac{6}{23}\times100\%=26\%\quad R_{dg}=P_g=\frac{3}{16}\times100\%=18.75\%$$

计算表明，在此冲击速度下丢煤率过高，远未达到实用要求。而破碎概率和冲击速度相关，若要达到理想分选效果需提高冲击速度。鉴于神经网络的预测效果，用前面训练的网络进行预测。以初始粒度为 100 mm 的煤和矸石为例，经试训发现，当冲击速度达到 8.5 m/s 时，煤块的破碎概率可稳定达到 95%以上，试训 10 次，煤块平均破碎概率为 96.32%，平均破碎比率为 40.057%，且全部小于 50%，即煤块不会因为破碎后粒度过大为误判为矸石；矸石平均破碎概率为 33.35%，平均破碎比率为 46.58%。此时的丢煤率和混矸率分别为：$R_{dm}=1-P_m=3.68\%$，$R_{dg}=P_g=33.35\%$，这就满足了井下煤和矸石初选的要求，具有一定的实用价值，同时也为半工业性试验提供试验设计依据。

4.4 本章小结

(1) 根据煤和矸石冲击破碎的试验数据,建立了用于煤和矸石破碎情况预测的人工神经网络,通过预测值和试验值对比,两者吻合度较高,实现了以简单实用的方法解决多因素和多目标回归拟合困难、准确度低的问题。

(2) 引入丢煤率和混矸率两个指标,量化评价分选效果,给出计算公式,并依据试验数据和神经网络预测结果进行举例计算,计算结果表明:当冲击速度达到一定数值后弹力式煤矸分选能够满足井下初选的要求。

5 煤和矸石颗粒气力输送充填过程临界运动特性研究

颗粒在临界输送时的动力学特性是实现煤和矸石气力输送的理论基础，临界输送气流速度是影响散体物料气力输送系统操作条件和经济性的关键指标，为避免输送过程中由于颗粒沉积导致管路堵塞，输送气流速度必须高于临界气流速度，但过高的气流速度又致使系统能耗增加、颗粒破碎和管路磨损加剧。为确定经济合理的输送条件，需明确散体物料气力输送系统临界输送过程和颗粒临界输送机理。

5.1 颗粒输送临界气流速度分析

5.1.1 颗粒输送临界气流速度确定

当输送气流速度由低向高增加时，颗粒按照一定的运动状态序列变化，而当输送气流速度由高向低减小时，颗粒运动状态的变化并非前者的逆序。图5-1为颗粒运动状态随输送气流速度的变化历程。图中，横坐标为颗粒雷诺数，正相关于颗粒粒径和平均气流速度；纵坐标为颗粒弗劳德数，计算公式为：

$$Fr_s = \frac{u_s}{\sqrt{gd_s}} \tag{5-1}$$

式中 Fr_s——颗粒弗劳德数，表征颗粒在气流中惯性力和重力量级的比；

u_s——颗粒速度，m/s；

d_s——颗粒粒径，m。

由图 5-1 可以看出，当颗粒初始静止或者沉积于管道底部时，若使颗粒被气流拾取并被输送，需经过相当长的气流加速累积作用，即气流速度持续增加而颗粒保持静止的阶段。只有当气流速度达到并超过该颗粒的拾取速度时（图中 Re_{spu}，拾取速度时对应的颗粒雷诺数），颗粒开始被拾取输送，然后被输送且平

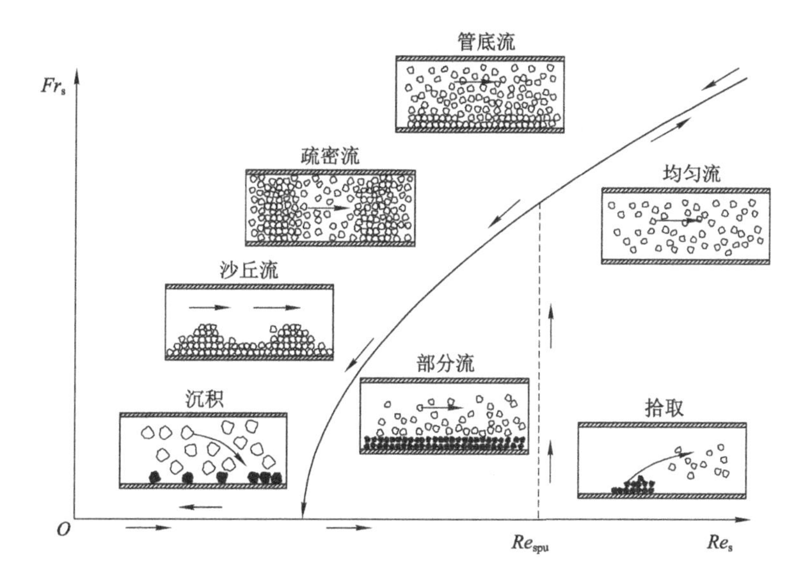

图 5-1 颗粒运动状态随气流速度变化历程

均速度逐渐增加。当颗粒平均速度达到一定程度时,颗粒在管道内逐渐呈现均匀流输送状态,即为常见的稀相悬浮流输送状态,此时持续增加气流速度会导致能耗、颗粒破碎和管道磨损的急剧增加,故一般会保持输送气流速度或者降低输送气流速度。当气流速度降低时,颗粒平均速度并未显著降低,但由于流场曳力下降,颗粒开始部分向管道底部聚集,此时颗粒仍然保持整体运动态势,但管道上层颗粒浓度明显低于管道底部。随着颗粒在管道内部散布的不均匀性增加,出现管道内部气流速度不均匀现象,即导致颗粒和气流出现脉动现象,此时颗粒出现分布疏密差异明显的流动状态。如气流速度继续降低,颗粒不再以明显悬浮状输送,开始以沙丘形式交替堆积爬行输送,但此时颗粒整体仍处于运动输送状态。气流速度继续降低,部分颗粒开始集聚在管道底部并缓慢停滞,致使管道的流通截面积变小,流通平均气流速度变大,减缓上部颗粒的沉积运动,并开始以部分流形式输送。继续降低气流速度,部分流上部颗粒的输送也不能得到保证时,所有颗粒开始沉积于管底,该时刻对应的气流速度称为沉积速度。

综上所述,对于气力输送系统,拾取速度和沉积速度是两个最为关键的临界气流速度,两者均为颗粒由一种运动状态向另一种运动状态转变时对应的临界气流速度,图 5-2 为拾取速度和沉积速度示意图。其中,拾取速度为颗粒在管道底部或沉积颗粒床层由静止到开始滑动、滚动或者悬浮时的气流速度，而沉积速度为颗粒由悬浮状态开始向管道底部沉积时的气流速度。除物理含义差异外，两者对实际气力输送的作用也存在差异，一般情况下，气流速度高于沉积速度是抑制颗粒沉积管底、避免管道堵塞的必要条件，气流速度高于拾取速度是颗粒从管道底部或沉积床层上被拾取、夹带、吹走和再次悬浮的必要条件。而实际输送过程中，输送气流速度高于沉积速度时，由于气固两相作用时的湍流能量耗散以及管道结构或输送操作中断等因素，仍有可能出现颗粒沉积，此时输送气流速度需高于拾取速度，才能使颗粒再次运动。因此，在实际气力输送操作中，输送气流速度应依据拾取速度确定，故本书将拾取速度确定为临界气流速度进行研究。

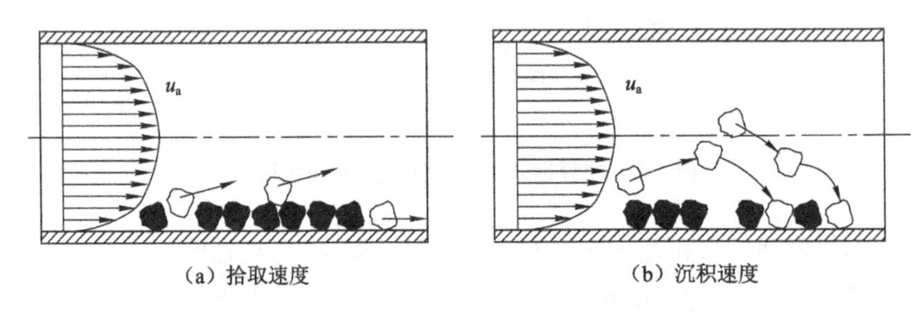

图 5-2　颗粒的拾取速度和沉积速度示意图

5.1.2　煤炭颗粒拾取速度计算模型

Kalman[123]是研究气力输送过程中颗粒运动的集大成者，所得模型极受业内研究人员认可并被广泛引用，该学者针对不同 Geldart 颗粒类型分三个区间研究颗粒拾取速度，并采用修正颗粒雷诺数和修正阿基米得数表述相应类型颗粒的拾取速度。

$$\begin{aligned}
&\text{Zon I}: Re_s^* = 5Ar^{*\frac{3}{7}} && Ar^* \geqslant 16.5 \\
&\text{Zon II}: Re_s^* = 16.7 && 0.45 < Ar^* < 16.5 \\
&\text{Zon III}: Re_s^* = 21.8Ar^{*\frac{1}{3}} && Ar^* \leqslant 0.45
\end{aligned} \tag{5-2}$$

式中　Re_s^*——修正颗粒雷诺数；

Ar^*——修正阿基米得数。

其中 Zone Ⅰ 对应于 Geldart 分类的 B 类和 D 类颗粒，分别指粒径为 0.1 mm 到 0.6 mm 的颗粒和粒径为 0.6 mm 以上的颗粒；Zone Ⅱ 对应于 Geldart 分类的 A 类颗粒，指粒径为 0.03 mm 到 0.1 mm 的颗粒；Zone Ⅲ 对应于 Geldart

分类的 C 类颗粒，一般指粒径小于 0.02 mm 的颗粒。

显然，本书研究的煤和矸石颗粒属于 Geldart D 类颗粒，对应于 Zone Ⅰ 区间经验公式。式(5-2)中的两无量纲相似数可通过下式计算获得。

$$Re_s^* = \frac{\rho_a u_{pu} d_s}{\mu_a (1.4 - 0.8e^{\frac{D/D_{50}}{1.5}})} \tag{5-3}$$

$$Ar^* = Ar(0.03 \cdot e^{3.5\varphi}) = (0.03 \cdot e^{3.5\varphi}) \frac{g\rho_a(\rho_s - \rho_a)d_s^3}{\mu_a^2}$$

式中 D_{50}——参考管径，D_{50}=50 mm。

ρ_a——空气的密度，kg/m^3；

u_{pu}——颗粒的拾取速度，m/s；

μ_a——空气的动力黏度，Pa·s；

φ——颗粒的球形度；

ρ_s——颗粒的密度，kg/m^3。

经验证，该模型在 $0.5 < Re_s^* < 5\ 400$，$2 \times 10^{-5} < Ar < 8.7 \times 10^7$，0.000 53 mm $< d_s <$ 3.675 mm，1 119 $kg/m^3 < \rho_s <$ 8 785 kg/m^3，1.18 $kg/m^3 < \rho_a <$ 2.04 kg/m^3 区间内适用。

5.2 颗粒拾取速度测试

5.2.1 颗粒拾取速度试验测量

(1) 颗粒拾取过程

以 11～13 mm 的煤炭颗粒在标况流量 91～95.5 m^3/h(平均约 93.25 m^3/h，对应平均气流速度 13.199 m/s)的轴流场内拾取试验为例阐述煤炭颗粒拾取过程，如图 5-3 所示。该图完整地描述了煤炭颗粒在气流的曳引作用下由静止状态到初始抖动，然后开始拾取翻滚，并最终悬浮运动的过程。图中，分析起始时刻 0 s 至 0.48 s，所追踪的煤炭颗粒一直紧贴煤炭颗粒床以翻滚形式运动，0.52 s 以后，所追踪煤炭颗粒开始跃起并脱离煤炭颗粒床，以悬浮形式运动。

图 5-3 所示拾取过程，管道内空气流量基本保持稳定，所有煤炭颗粒中仅图中标记的颗粒最终实现拾取，这表明煤炭颗粒的拾取过程具有随机性。事实上，煤炭颗粒与管壁的摩擦力、煤炭颗粒间的摩擦力、煤炭颗粒堆积状态和密实程度、气流受煤炭颗粒床干扰产生的随机湍动能等因素均会对煤炭颗粒的初始

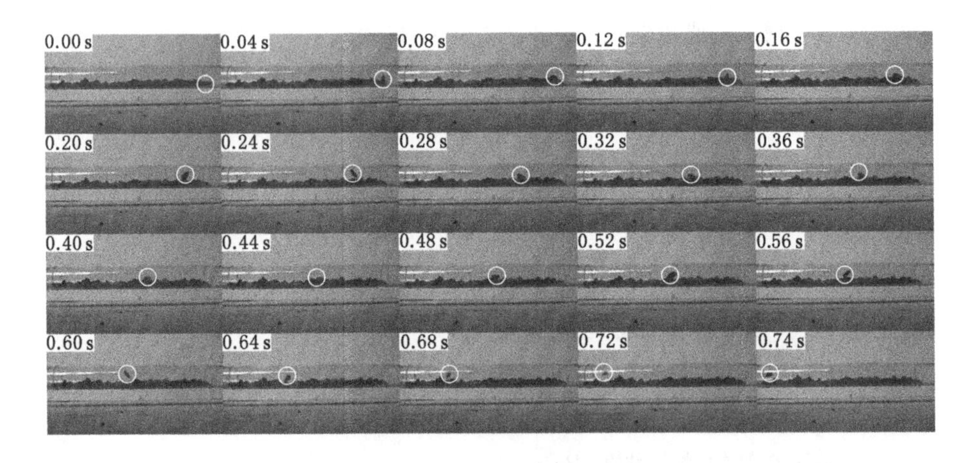

图 5-3　煤炭颗粒拾取过程

拾取运动过程产生影响。因此，试验时出现图 5-3 所示现象，甚至出现煤炭颗粒翻滚后再次安息，或者所有颗粒均初始静止然后突然大量被拾取的现象。经过多次重复试验，自然堆积放置条件下的煤炭颗粒拾取过程在宏观上仍具有明显规律，即煤炭颗粒的拾取量总体与气流流量正相关，但即便在完全相同的试验条件，试验结果不可完全重复，具有一定随机性。因此，本书研究煤炭颗粒拾取过程时，每组试验均重复三次，若所得试验结果差异显著，剔除差异最大的试验结果，取接近的两组均值作为最终结果，若三次实现差异不显著，取三组均值作为最终结果。

另外，试验发现已拾取煤炭颗粒在翻滚运动时对其他堆积煤炭颗粒产生的冲击作用也会明显影响堆积煤炭颗粒床的拾取运动，如图 5-4 所示。图 5-3 和图 5-4 表明，煤炭颗粒的拾取过程多以少数颗粒的翻滚运动开始，并逐步悬浮输送形成拾取，故煤炭颗粒初始翻滚运动是影响颗粒拾取速度的关键。图 5-3 和图 5-4 还表明，特定管道条件下，煤炭颗粒初始翻滚主要受流场气流曳引扰动、其他颗粒冲击扰动以及支撑边界失稳扰动等因素影响。在自然堆积的煤炭颗粒床层中，其他颗粒冲击扰动和支撑边界失稳扰动均为随机不可控因素，流场气流曳引扰动为可操作影响因素。本书研究的煤炭颗粒旋流气力输送正是利用切向气流加剧煤炭颗粒拾取运动初始时刻的流场扰动，从而改变煤炭颗粒拾取条件。因此，本章研究旋流强度对煤炭颗粒拾取速度的影响符合实际拾取运动的物理过程。

(2) 拾取速度确定

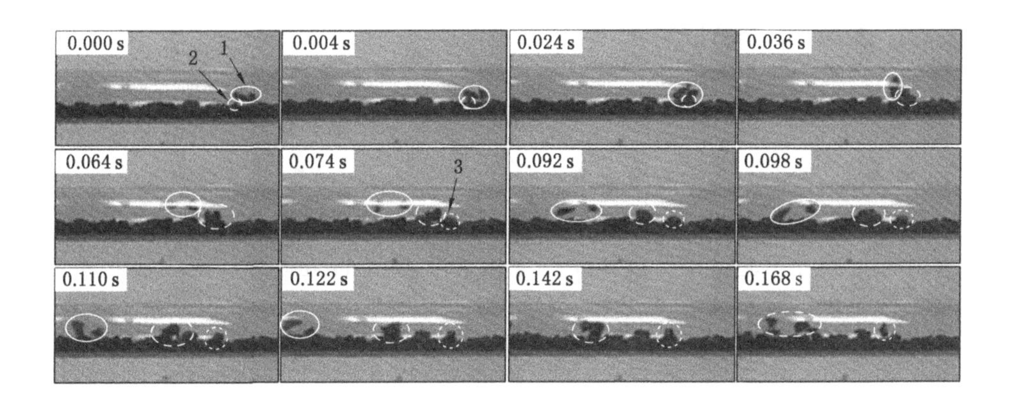

图 5-4 扰动作用下的煤炭颗粒拾取运动

首先对相同煤炭颗粒进行不同气流条件下的多次拾取试验，回归拾取率与平均气流速度关系，然后以拾取率为 50%时对应的管道平均气流速度作为拾取速度。

以 9～11 mm 煤炭颗粒为例，采用前述取重复试验均值的方法，按照管道平均气流速度变化将各试验结果绘制成如图 5-5 所示，并进行拟合，回归得到拾取率为 50%时的管道平均气流速度约为 13.63 m/s（对应平均标况流量约 96.35 m^3/h），则确定 9～11 mm 煤炭颗粒在该流场条件下的拾取速度为 13.63 m/s。

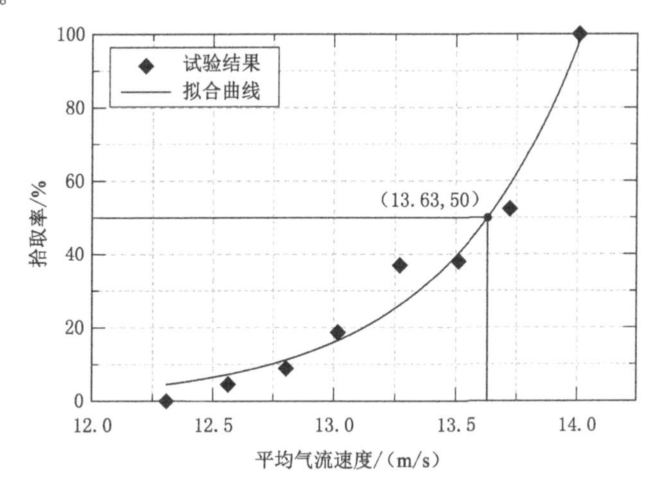

图 5-5 9～11 mm 煤炭颗粒拾取速度的确定

5.2.2 颗粒尺寸与拾取速度

依次进行 5～15 mm 煤炭颗粒拾取试验，通过统计和回归得到 5～15 mm 煤炭颗粒的拾取速度，如图 5-6 所示。图中散点为各种粒度煤炭颗粒的试验结果，对应颜色的曲线为拾取率的拟合曲线。可以发现，随煤炭颗粒粒度增大，颗粒的拾取速度也呈增大趋势，但该试验条件下该增大趋势并非线性变化。因此，本书将对比试验结果与以往模型计算结果，基于接近模型反演该粒度区间内煤炭颗粒的拾取速度计算模型。

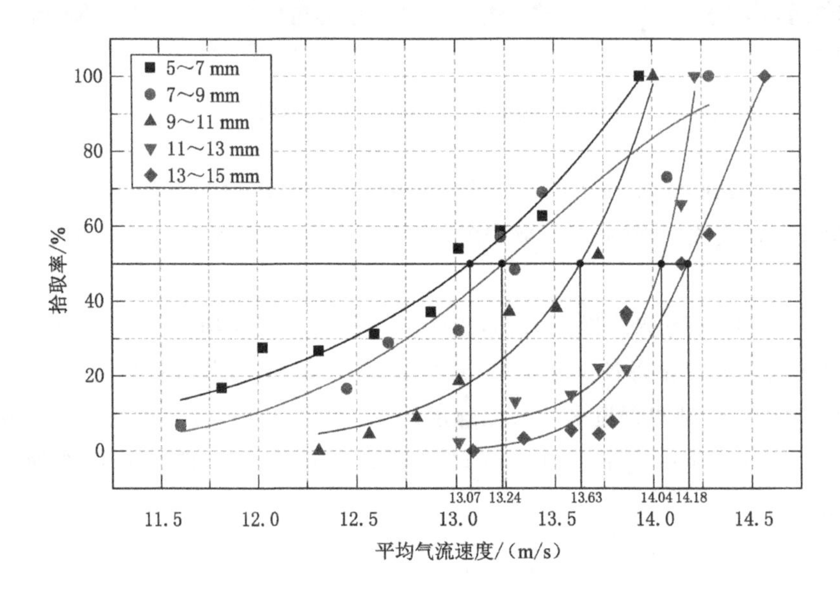

图 5-6　5～15 mm 煤炭颗粒拾取速度的确定

根据上述分析，本书所研究煤炭颗粒拾取过程现象和拾取率变化规律与以往研究(H. Kalman[123])相似。故依据模型计算出 5～15 mm 各粒度区间煤炭颗粒的拾取速度，并将之与试验所得的煤炭颗粒拾取速度进行对比，见表 5-1。

表 5-1　5～15 mm 煤炭颗粒拾取速度试验结果与模型计算结果

粒度	5～7 mm	7～9 mm	9～11 mm	11～13 mm	13～15 mm
试验拾取速度/(m/s)	13.07	13.24	13.63	14.04	14.18
Kalman 模型计算结果/(m/s)	7.972	8.655	9.224	9.718	10.155

由表 5-1 可以看出，Kalman 模型计算结果误差较小且分布区间较窄，最大偏差与最小偏差相差约 11%，整体偏差值介于 28%～39%。另外，随颗粒粒度增大，Kalman 模型计算误差呈收敛趋势。这表明，在所研究的粒度范围内，Kalman 计算模型吻合度更高，且具有更好的大颗粒适应性。鉴于此，本书将基于 Kalman 计算模型分析 5～15 mm 煤炭颗粒的拾取速度计算模型。

Kalman 拾取速度模型包括颗粒雷诺数和阿基米得数两个无量纲参数。雷诺数主要用于表征流场流动状态，而阿基米得数则主要用于判定密度差异造成的流体运动。对于特定的气固两相流动系统，雷诺数和阿基米得数则可分别用于描述流场和颗粒属性。故 Kalman 对拾取速度模型进行修正时，采用修正雷诺数表示流场特征长度（管径）对拾取速度的影响，而采用修正阿基米得数表示颗粒形状对拾取速度的影响。因此，本书在研究颗粒粒径对拾取速度影响时也基于阿基米得数项进行修正。

Kalman 研究得到的修正雷诺数与修正阿基米得数之间的指数关系在多种流场和颗粒系统中均得到验证，表明该指数关系形式具有一定的普遍性，故本书进行修正时不改变两者之间的指数关系形式及幂值。另外，对于所有相同 Geldart 类型的颗粒，颗粒粒径对拾取速度的影响均通过上述两个无量纲参数体现，未出现具有量纲特征的独立参量。因此，本书进行修正时优先考虑采用无量纲参量或常数项。

因此，采用无量纲粒径（研究对象煤炭颗粒粒径与基准管道直径（50 mm）的比值）作为变量研究 5～15 mm 煤炭颗粒拾取速度的变化规律。图 5-7 为煤炭颗粒粒径对计算拾取速度偏差的影响。可以看出，试验拾取速度与计算拾取速度的比值随无量纲粒径的增大而减小，并且两者符合指数变化规律，拟合方程为

$$\frac{u_{\mathrm{pue}}}{u_{\mathrm{pu}}}=1.35+0.99\mathrm{e}^{-10.37\frac{d_{\mathrm{c}}}{D_{50}}} \tag{5-4}$$

式中　u_{pue}——煤炭颗粒的实验拾取速度，m/s。

拾取速度模型修正为

$$u_{\mathrm{pu}}^{*}=5\left(1.35+0.99\mathrm{e}^{-10.37\frac{d_{\mathrm{c}}}{D_{50}}}\right)\left[0.03\mathrm{e}^{3.5\varphi}\right]^{\frac{3}{7}}\left(1.4-0.8\mathrm{e}^{-\frac{D/D_{50}}{1.5}}\right) g^{\frac{3}{7}}\rho_{\mathrm{a}}^{-\frac{4}{7}}\left(\rho_{\mathrm{c}}-\rho_{\mathrm{a}}\right)^{\frac{3}{7}}d_{\mathrm{c}}^{\frac{2}{7}}\mu_{\mathrm{a}}^{\frac{1}{7}} \tag{5-5}$$

式中：u_{pu}^{*}——5～15 mm 煤炭颗粒的修正拾取速度，m/s。

此时，对于 Zone Ⅰ 的 Geldart B 类和 D 类颗粒，式(5-3)所述模型仍按原有形式表述，但对于 5～15 mm 煤炭颗粒该模型修正为

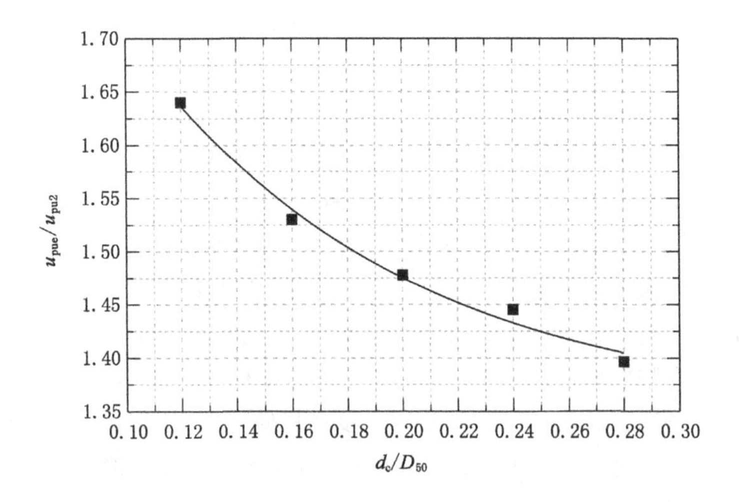

图 5-7 煤炭颗粒粒径对计算拾取速度偏差的影响

$$\text{Zone Ⅰ}: Re_c^* = 5Ar^{*\frac{3}{7}} \quad Ar^* \geqslant 16.5 \text{ 且}(0.1\text{ mm} \leqslant d_c \leqslant 3.675\text{ mm})$$

$$Re_c^* = 5(1.35 + 0.99e^{-10.37\frac{d_c}{D_{50}}})Ar^{*\frac{3}{7}} \quad Ar^* \geqslant 16.5 \text{ 且 } (5\text{ mm} \leqslant d_c \leqslant 15\text{ mm}) \tag{5-6}$$

5～15 mm 煤炭颗粒的粒径与拾取速度关系可用图 5-8 描述。事实上，本研究试验结果高于 Kalman 研究结果的主要原因在于拾取速度定义有所差

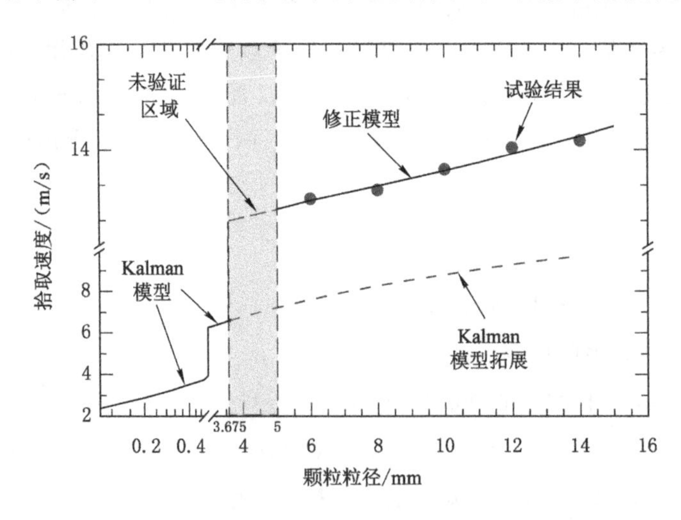

图 5-8 煤炭颗粒粒径与拾取速度关系

别，Kalman以拾取率大于0时所对应的平均气流速度为拾取速度，而本书从实际应用考虑将拾取速度定义为拾取率为总质量50%时所对应的平均气流速度，这也是图5-8中未验证区域（3.675 mm≤d_c≤5 mm）出现速度突变的主要原因。

5.2.3 旋流强度与拾取速度

（1）旋流拾取过程

由于旋流场内切向气流和轴向气流同样显著，在两者的联合扰动作用下，煤炭颗粒在旋流场的拾取过程与其在轴流场的拾取过程必然存在差异。试验发现，低气流速度下的单个或小批量煤炭颗粒被拾取时，两种流场内煤炭颗粒的拾取现象并无显著差异。但随标况流量增大出现较多煤炭颗粒被拾取时，旋流场内的拾取过程与轴流场出现明显不同，如图5-9所示。

图5-9(a)为轴流场内煤炭颗粒拾取过程（试验工况：煤炭颗粒粒度11～13 mm，标况流量94.5～99 m^3/h，切向流量比0），可以看出，初始煤炭颗粒床层基本呈平整状态（图中0.00 s时刻），但少数煤炭颗粒由于流场气流曳引扰动、其他颗粒冲击扰动和支撑边界失稳扰动被拾取之后（图中0.04～0.36 s），表层煤炭颗粒被重新排列堆砌，形成局部不平整状态（图中0.36 s时刻），出现局部煤炭颗粒堆积隆起，从而引起煤炭颗粒床层表面气流速度变化，即隆起部分上方气流流通截面积减小，气流加速，致使气流在煤炭颗粒床层上方流通时以变速形式运动，气流携带的动压能和静压能交替转变，进而将隆起部分煤炭颗粒扰动拾取（图中0.44～0.68 s）。隆起部分颗粒被拾取之后，煤炭颗粒床层又重新恢复基本平整状态，并再次重复上述循环过程。因此，轴流场内煤炭颗粒的拾取过程易呈现局部逐层剥离拾取现象。此外，由于拾取位置受隆起颗粒团堆积位置影响，隆起颗粒通常不出现在煤炭颗粒床层迎风前端，故轴流场内常出现迎风下游区域煤炭颗粒团被优先拾取的现象。

图5-9(b)为旋流场内煤炭颗粒团的拾取过程（试验工况：煤炭颗粒粒度11～13 mm，标况流量94.5～99 m^3/h，切向流量比1）。图中显示时间起始时刻迎风末端少数颗粒已被拾取，表现为煤炭颗粒团批量拾取过程。由图5-9(b)可以看出，0.18 s之后经气流初始扰动，煤炭颗粒床呈现迎风端面薄、中间及后端厚的分布形式，若按照轴流场拾取特征，中间和后端部的煤炭颗粒更易于被拾取。但在旋流场中，切向气流同时对凸起煤炭颗粒具有扰动作用，且切向速度基本沿管道截面径向呈逐渐增大的反对称结构，即靠近壁面部分切向流速更

大，气流按照螺旋方式贴壁流动，因此煤炭颗粒床层迎风端的颗粒首先受到螺旋贴壁气流的作用并易于被拾取（图中 0.12～0.18 s）。当螺旋贴壁气流足够时，煤炭颗粒床层出现自迎风端而后逐步被卷起现象（图中 0.48～0.72 s），待较多颗粒被卷起后，整个床层实现临界流化，从而易于实现整体拾取输送（图中 0.84～1.14 s）。可见，旋流场内煤炭颗粒床层拾取易出现颗粒自迎风端部拾取或自迎风端部逐步卷起并实现整体推移拾取输送的现象，即便螺旋贴壁气流不足以卷起颗粒，仍可对固定煤炭颗粒床层产生额外扰动，有益于煤炭颗粒拾取。

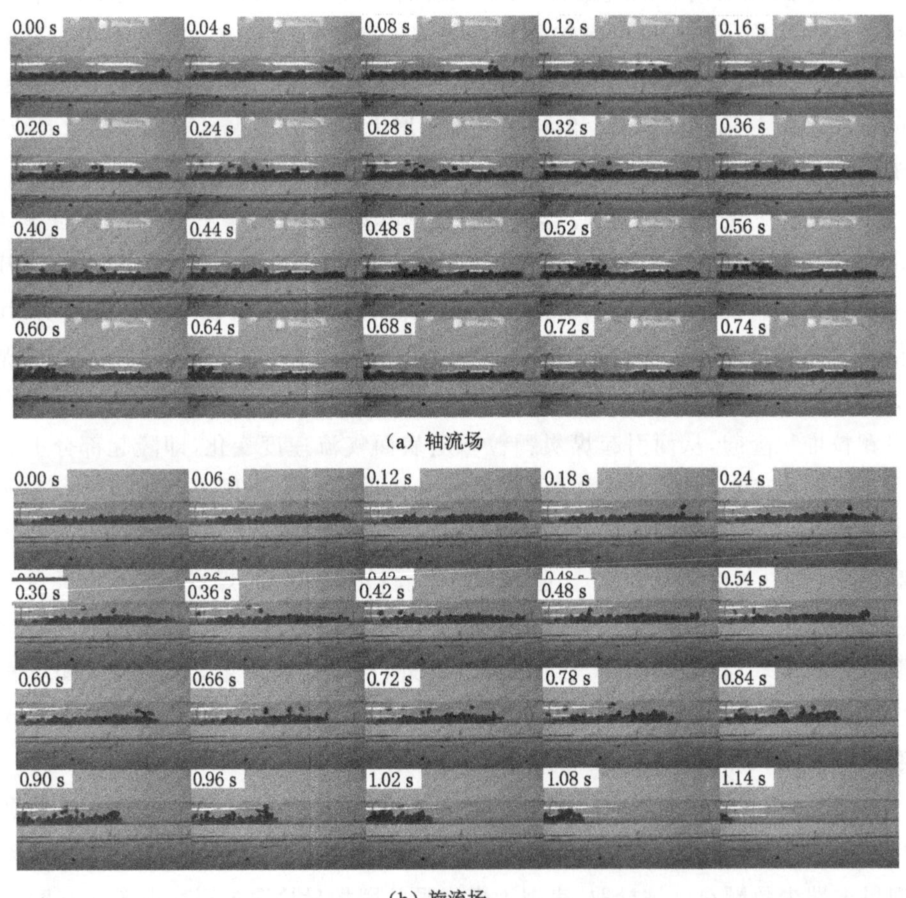

图 5-9　轴流场和旋流场内煤炭颗粒拾取过程

(2) 固定总流量不同切向流量比时的拾取率

根据前述旋流场内煤炭颗粒拾取过程分析可知旋流场内煤炭颗粒更易于

被拾取，为细化分析该过程，本书对各种粒度煤炭颗粒首先进行固定总流量条件下不同切向流量比工况拾取试验。为避免出现试验时煤炭颗粒被全部拾取，无法分析旋流强度对拾取率影响的情况，本书试验选择的总流量均低于该粒度煤炭颗粒在轴流场内拾取率为50%时的标况流量，具体试验参数见表5-2。

表5-2 固定总流量时煤炭颗粒旋流拾取试验参数

粒度/mm	5～7	7～9	9～11	11～13	13～15
平均总流量/(m^3/h)	92	91.5	92.5	97	96
平均气流速度/(m/s)	13.02	12.94	13.09	13.72	13.58

为使试验结果更具普遍性，各工况试验时切向流量依次缓慢增大，不同粒度煤炭颗粒对应切向流量比不严格一致，但所有试验工况切向流量比均不大于0.5，各试验工况具体切向流量比见表5-3。

表5-3 煤炭颗粒旋流拾取试验切向流量比

粒度/mm	试验1	试验2	试验3	试验4	试验5	试验6
5～7	0	0.133	0.214	0.260	0.295	0.380
7～9	0	0.112	0.137	0.176	0.238	0.389
9～11	0	0.165	0.251	0.298	0.362	—
11～13	0	0.139	0.169	0.204	0.244	0.290
13～15	0	0.115	0.198	0.242	0.272	—

所有工况仍重复试验三次，按前述试验结果计算方法统计拾取率，不同切向流量比时各粒度煤炭颗粒的拾取率如图5-10所示。与前述其他试验类似，旋流场内的煤炭颗粒拾取试验结果也具有较大随机性。但整体来看，切向流量变化对各种粒度的煤炭颗粒拾取率均有显著影响，并且各种粒度煤炭颗粒拾取率具有相似的变化规律。由图5-10可以看出，当切向流量比较低时(一般小于0.15)，旋流场内拾取率均小于无切向流量工况。随着切向流量继续增大，各粒度煤炭颗粒的拾取率虽然变化特性各异，但整体呈上升趋势，并且当切向流量比达到0.2～0.25之间时，拾取率基本达到或超过无切向流量工况。另外，5～7 mm和13～15 mm煤炭颗粒试验总流量接近拾取速度对应的标况流量，其余三种煤炭颗粒试验总流量则明显小于拾取速度对应的标况流量。以上两种情

况相比，试验流量接近拾取速度对应的标况流量时，煤炭颗粒的拾取率变化波动较大，并且当切向流量比达到一定程度时，煤炭颗粒的拾取率超过50%，达到拾取速度确定标准，而试验流量显著小于拾取速度对应的标况流量时，煤炭颗粒的拾取率虽然随切向流量比增大也呈增大趋势，但在所试验条件下，尚未达到拾取速度确定标准。

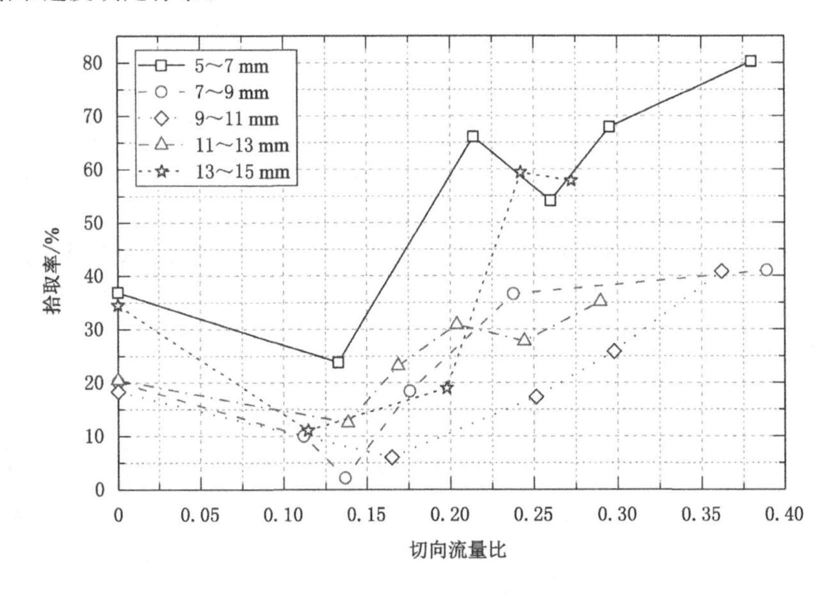

图 5-10　不同切向流量比时各粒度煤炭颗粒的拾取率

(3) 不同切向流量比时9～11 mm煤炭颗粒的拾取速度

图5-11为不同切向流量比时9～11 mm煤炭颗粒的拾取率变化规律。由图5-11可以发现除切向流量比为0.2时以外，其余工况煤炭颗粒的拾取速度均小于轴流场(切向流量比为0)工况。另外，随切向流量比增大，各工况对煤炭颗粒拾取速度变化未呈线性分布，如图中切向流量比由0.4变化至0.6和由0.6变化至0.8时，拾取速度的变化量明显不同，故有必要细化分析切向流量比对拾取速度的影响。与此同时，旋流场多数工况时拾取率曲线变化梯度更为陡峭，也就意味着当管道内气流流量接近或达到煤炭颗粒的拾取流量时，旋流场内的煤炭颗粒更容易出现大团簇被拾取情况。

继续分析旋流强度对9～11 mm煤炭颗粒拾取速度的影响，计算出各种切向流量比工况下煤炭颗粒床层迎风端面位置(20D)的旋流数。各切向流量比工况下对应的拾取速度和旋流数见表5-4。实际气力输送时，煤炭颗粒仍主要依

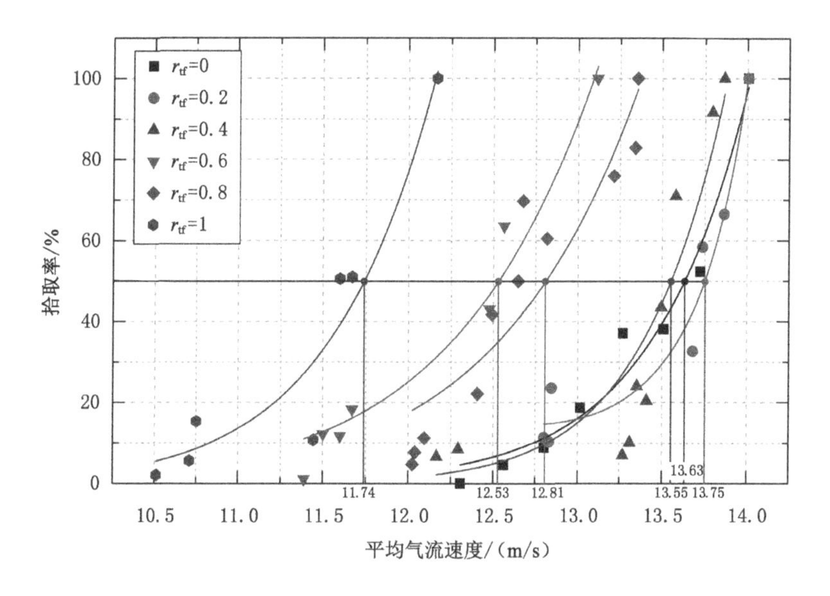

图 5-11　不同切向流量比时 9～11 mm 煤炭颗粒拾取速度的确定

靠轴向气流向前输送，即便在旋流输送中，轴向气流仍为主要气流，切向气流则主要起降低颗粒拾取速度、减缓颗粒破碎和缓解管路磨损等作用，输送管路中切向进气的流量一般不大于轴向进气流量。为全面研究旋流强度对拾取速度的影响，将研究范围扩展到管路全部采用切向进气工况，以期得到旋流强度对拾取速度的全工况影响规律。

表 5-4　各切向流量比工况下对应拾取速度和旋流数

r_{tf}	0	0.1	0.2	0.3	0.4	0.5	0.6	0.7	0.8	0.9	1
u_{pue}	13.63	13.72	13.75	13.66	13.55	13.21	12.81	12.29	12.53	11.99	11.74
S	0	0.093	0.095	0.103	0.115	0.132	0.154*	0.180*	0.211*	0.247*	0.288*

注：* 旋流数为回归公式扩展计算结果。

为便于回归旋流强度与拾取速度关系，将表 5-4 中各切向流量比工况时的煤炭颗粒拾取速度采用无量纲的形式表达。无量纲拾取速度为各工况时拾取速度与纯轴流场对应拾取速度的比值。图 5-12 为 9～11 mm 煤炭颗粒拾取速度与旋流强度的关系，图 5-12(a)为基于切向流量比表示，图 5-12 (b)为基于旋流数表示。可以看出，煤炭颗粒的拾取速度随管道旋流强度变化呈现良好的规

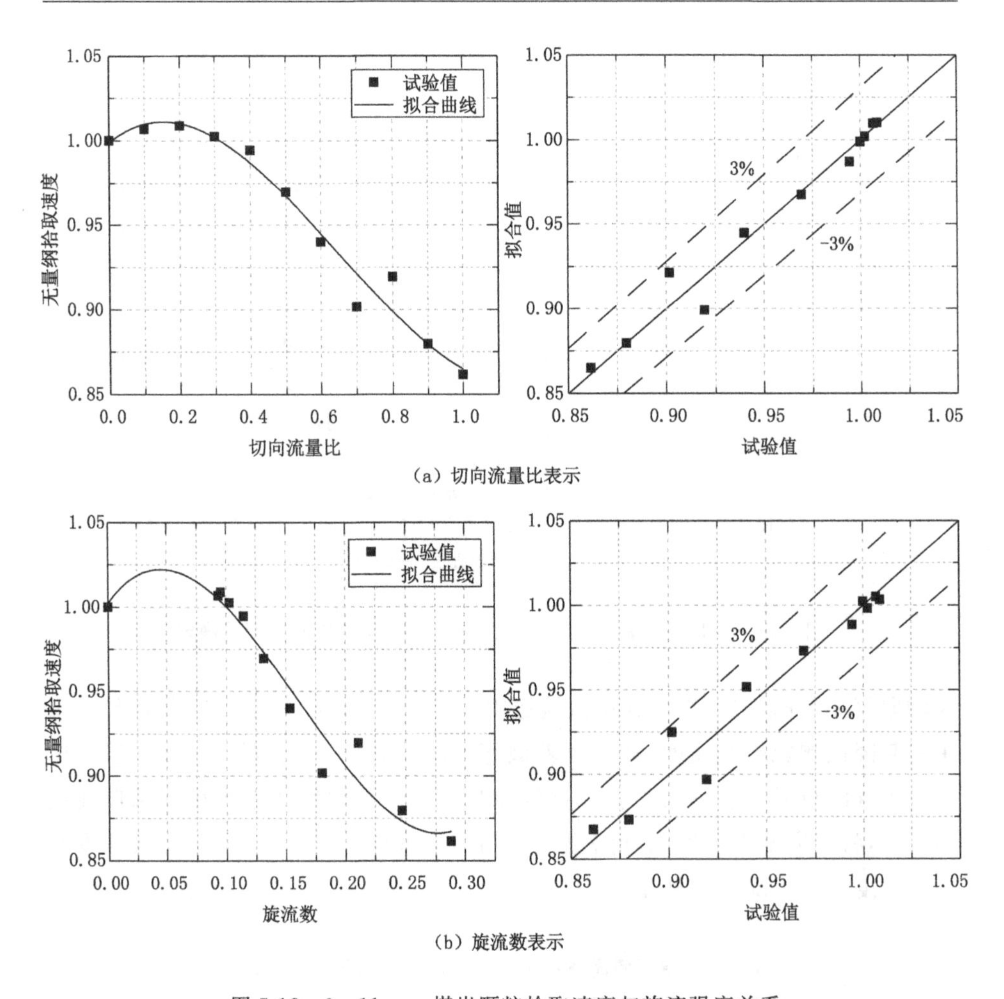

图 5-12　9～11 mm 煤炭颗粒拾取速度与旋流强度关系

律演化特征，图中拟合曲线均采用三次多项式形式，两种表达方法对应的拟合准确度均较高，最大拟合误差均不超过 3%，说明回归公式可准确计算出各旋流工况下煤炭颗粒拾取速度。相应拟合公式如下：

$$u_{pus}=\begin{cases}u_{pua}(0.999+0.168r_{tf}-0.622r_{tf}^{2}+0.320r_{tf}^{3}) & \text{切向流量比表示}\\ u_{pua}(1.002+0.940S-12.112S^{2}+25.082S^{3}) & \text{切向流量比表示}\end{cases} \tag{5-7}$$

式中　u_{pus}——旋流场煤炭颗粒拾取速度，m/s；

u_{pua}——轴流场煤炭颗粒拾取速度，m/s；

r_{tf}——切向流量比；

S——旋流场的旋流强度。

5.3 振荡流场内颗粒临界运动过程特征

5.3.1 振荡流场内颗粒临界运动过程数值模拟

(1) 计算模型设置

由于气流流动速度远低于音速，在计算流体力学(CFD)求解时采用基于压力的求解器，基于有限体积法对控制方程进行离散化，并采用 QUICK 算法离散动量方程和湍流扩散方程，获得求解代数方程组，采用压力-流速耦合的 SIMPLE 算法计算求解各控制方程。CFD-DEM 耦合计算时，采用基于双边耦合的 Eulerian-Lagrarian 法进行计算，选用 Freestream 曳力模型，并同时考虑 Saffman 升力、Magnus 升力和流体诱导扭矩。

(2) 颗粒模型离散元重构

离散元(DEM)中异形颗粒重构一般采用颗粒重叠和颗粒黏结两种方法，两者基本过程相似，均根据实际异形颗粒的几何形状，由微小颗粒按照一定规则组合重构而成，如图 5-13 所示。两种方法中微小颗粒间的连接方法存在显著差

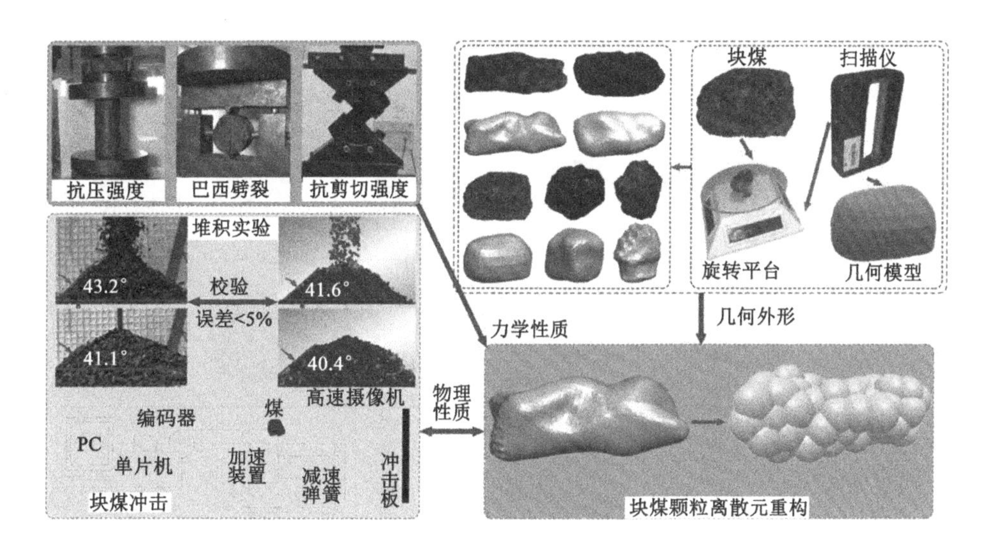

图 5-13 颗粒离散元重构

异。颗粒重叠法依据被重构对象的形貌特征，确定若干相互交叠的微小球形颗粒的球心和半径信息，重构出具有特定形貌的颗粒团簇。该方法将整个颗粒团视为单个颗粒，计算中不考虑微小颗粒间的相互作用，常用于不可碎颗粒运动及颗粒与对象接触特征研究的数值模拟。颗粒黏结法则依据被重构对象的力学性质，基于特定力学和几何法则将预设接触半径内的微小颗粒采用力链黏结成颗粒团簇，再依据被重构对象的几何边界分割颗粒团簇，最终获得与真实颗粒几何和力学特征均相似的 DEM 模型，当颗粒团簇在外载荷作用下使力链载荷超过黏结力链的强度极限时力链发生断裂，从而模拟材料内部的裂纹扩展和破碎过程。因此，采用颗粒重叠方法重构的煤炭颗粒 DEM 模型更贴切实际。利用该方法重构了 5 种典型性质的颗粒离散元模型，见表 5-5。

表 5-5　颗粒重构参数

颗粒形状	片状	条状	不规则块状	块状	鹅卵石状
尺寸/(mm×mm×mm)	9.8×5×3	9.5×4.6×3.6	4×7×8.4	5.8×5.5×4.9	6.6×4×4.6
D_e/mm	5.0	5.6	6.1	5.3	5.3
ρ_c/(kg/m^3)	1 356	1 356	1 356	1 356	1 356
ρ_p/kg/m^3)	890.2	998.5	1 070.6	1 041.4	1 034.5
R_p/mm	1	1	1	1	1
球形度	0.689	0.734	0.790	0.855	0.877
真实颗粒					
几何模型					
DEM 模型	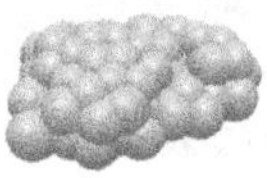	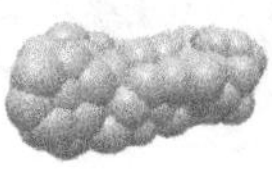		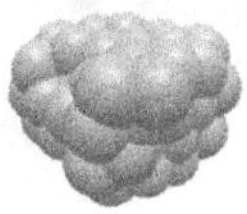	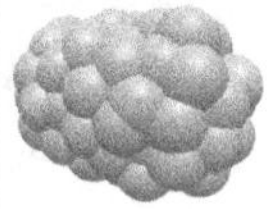

注：D_e—等效直径；ρ_c—大颗粒密度；ρ_p—小颗粒密度；R_p—小颗粒半径。

(3) 数值计算结果校验

本书通过校验颗粒的临界运动过程和颗粒的拾取率损失曲线验证数值模拟方法的可靠性。图 5-14 为试验现象和数值模拟结果的对比，可以看出两种方法获得的颗粒在静止床层上的临界抖动、翻滚、拾取及到最后的悬浮输运的形态和运动过程高度一致，甚至初始拾取颗粒在床层的位置都基本一致，表明了数值模拟结果的可靠性。

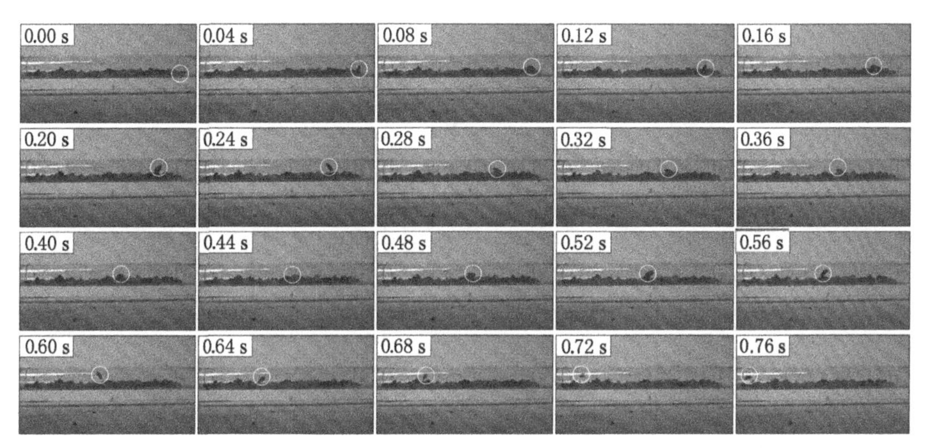

(a) 试验现象

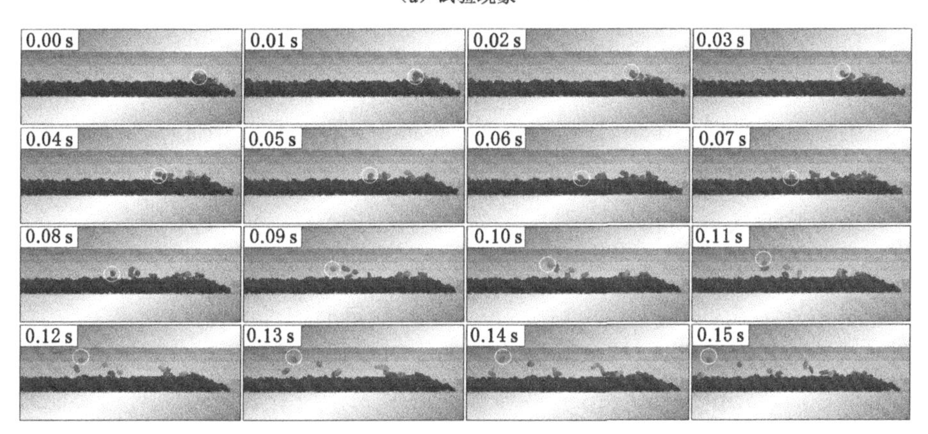

(b) 数值模拟

图 5-14　试验现象和数值模拟结果的对比

图 5-15 为两种方法获得的 5～7 mm 颗粒临界运动过程的质量损失曲线，两种方法颗粒质量损失的变化规律的数值都非常接近，尤其是在 11.5 m/s 到

13.5 m/s 的关键拾取区域，质量损失数值高度接近，两种方法确定的颗粒拾取速度分别为 13.07 m/s 和 13.35 m/s，数值也非常接近，再次印证了数值模拟方法的可靠性。

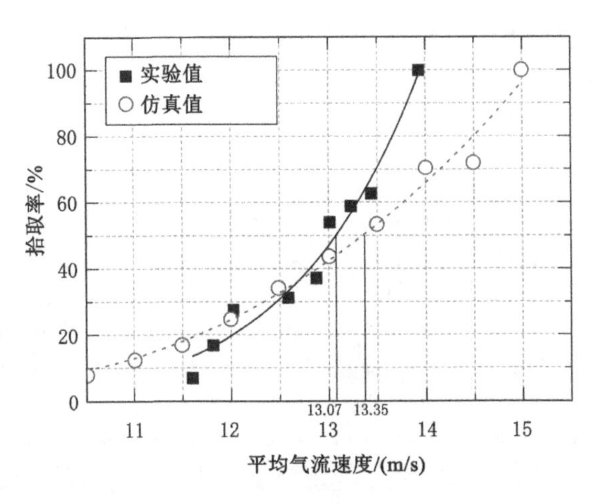

图 5-15　5～7 mm 颗粒的拾取速度确定

5.3.2　振荡气流强度对颗粒临界运动特性的影响规律

(1) 矩形波振荡脉冲气流

以简单轴流场内颗粒拾取率小于 50%的工况为例，以分析振荡脉冲气流对颗粒临界运动的强化作用，选择流速为 12.5 m/s 的工况。此时，对应的轴流场工况拾取率为 34.36%。此时的流体质量流量为 88.31 m^3/h，按照此条件将矩形波振荡脉冲气流的频率分别设定为 10 Hz、100 Hz 和 1 000 Hz，如图5-16所示。

图 5-17 为不同振荡脉冲气流参数下的颗粒拾取率。可以看出，除了图中高频区域外的其他工况，颗粒拾取率均随振幅的增加而增加，表明振幅增大对颗粒拾取率的强化作用起主导作用，即脉冲的增大作用显著。但同时也需注意，高频情况下，由于气流的持续作用时间不够，颗粒的拾取率强化也不够显著，即颗粒拾取过程是大振幅强化拾取和作用时间持续作用的联合作用结果。因此，中低频率的振荡气流将会对颗粒的拾取起到有益作用。

(2) 简谐波振荡气流

简谐波为另一种常见的振荡形式，仍定义了 10 Hz、100 Hz 和 1 000 Hz 频率条件下的简谐波作为边界条件。对应的颗粒拾取率变化曲线如图 5-18 所示。

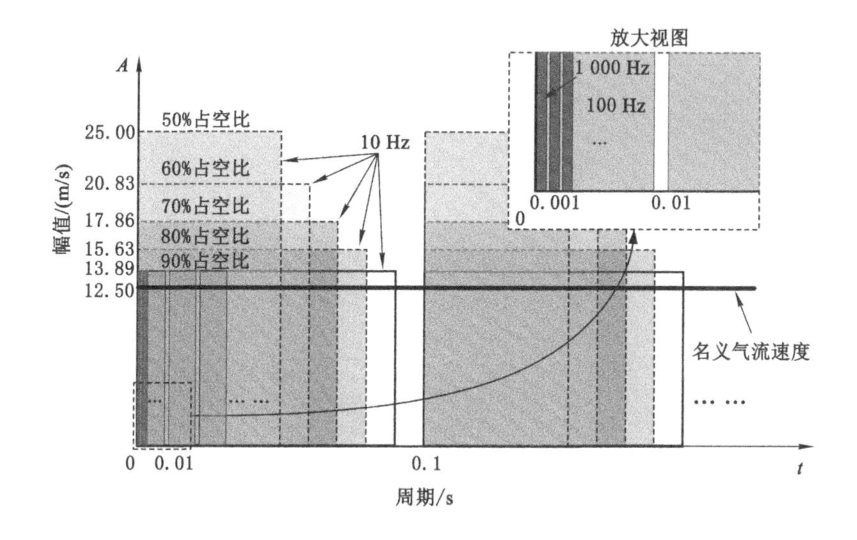

图 5-16 矩形波振荡脉冲气流定义

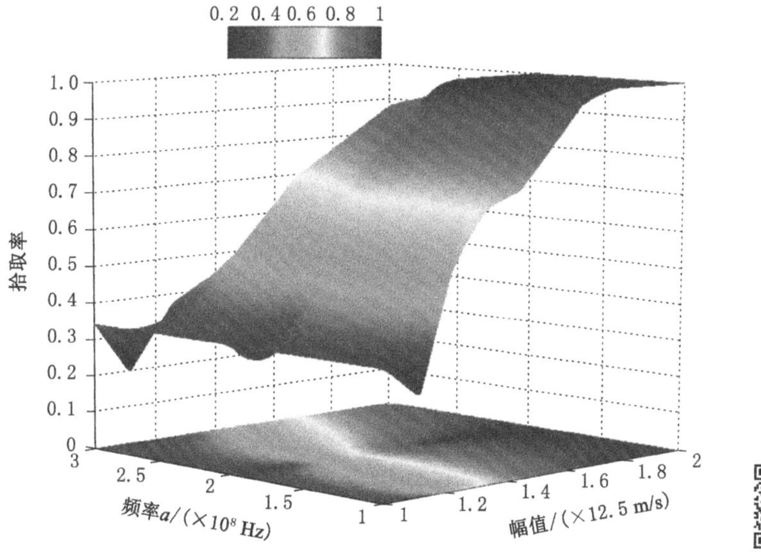

图 5-17 不同振荡气流参数下的颗粒拾取率

可以看出对于简谐波，由于其具有持续的作用时间，所有频率条件下均可显著强化颗粒拾取率，具有更好的拾取规律一致性。同时，两种振荡气流下的颗粒拾取变化趋势基本一致，中等频率振荡气流更有利于颗粒拾取。

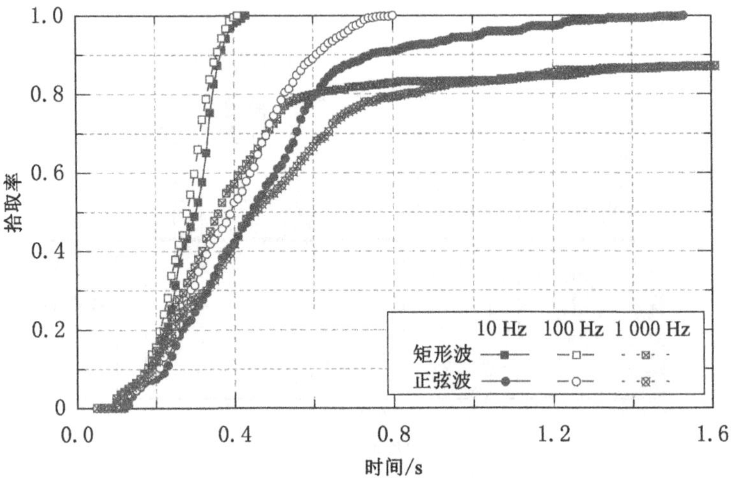

图 5-18　简谐波振荡气流和矩形波振荡脉冲气流时的颗粒拾取率

5.3.3　优化流场内颗粒临界运动特性的统一描述

旋流数是表征旋强度的一个无量纲数，其定义为切向流体的流量与总流量之比。但是振荡脉冲流场缺乏量化描述，故借鉴旋流数定义振荡数，见式(5-8)。

$$F=\frac{\sum_{i=1}^{3}\int_{0}^{T}\int_{0}^{R}\left|u_i-\overline{u}_i\right|u_1 r\mathrm{d}r\mathrm{d}t}{\sum_{i=1}^{3}\int_{0}^{T}\int_{0}^{R}u_i u_1 r\mathrm{d}r\mathrm{d}t} \tag{5-8}$$

式中　F——振荡数；

T——振荡周期，s；

u_i——任意时刻的振荡速度，m/s；

t——时间变量，s；

$\overline{u}_i$——周期内的平均速度，m/s。

图 5-19 为旋流场和振荡脉冲流场颗粒拾取率的统一表述，可以看出振荡脉冲流场和旋流场都能明显地减小颗粒的拾取速度，即有利于强化颗粒的临界运动。经数值模拟试验，当振动频率为 10 Hz 时，振荡数由 0.1 到 0.5 时，颗粒的拾取速度分别为 13.52 m/s、12.10 m/s、11.07 m/s、9.77 m/s 和 8.42 m/s，有明显的减小，并且振荡数与旋流数对拾取速度的影响规律统一符合式(5-9)。

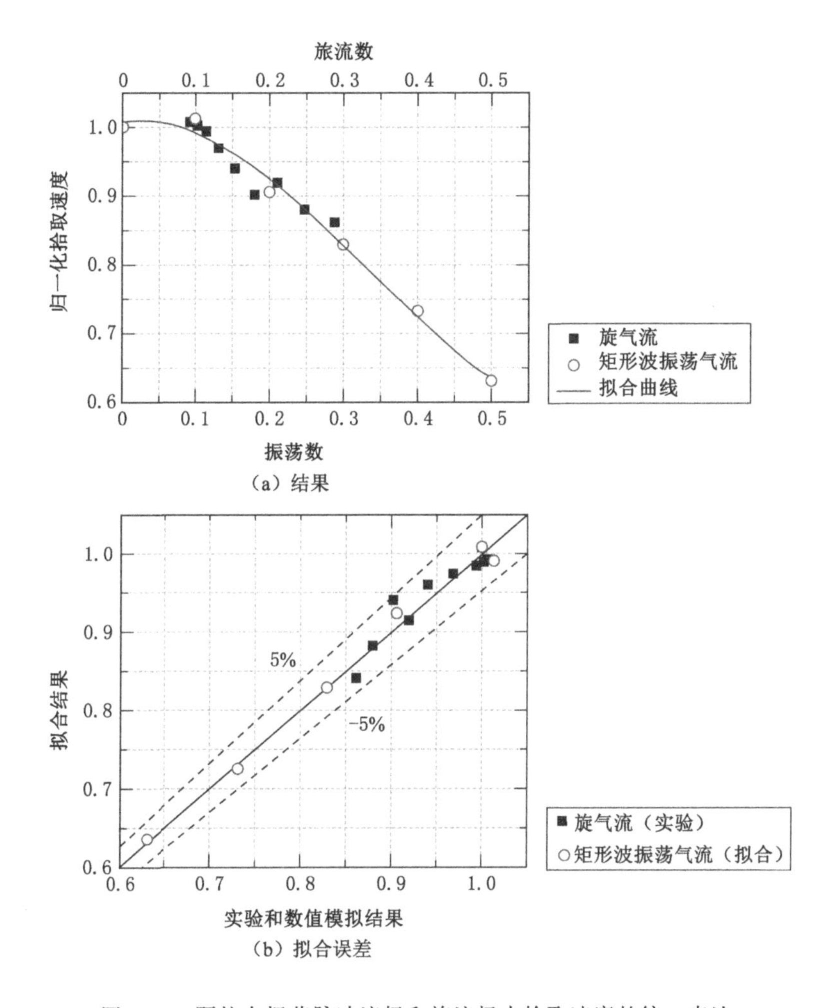

图 5-19 颗粒在振荡脉冲流场和旋流场内拾取速度的统一表达

$$u_{puo} = u_{pua}(1.006 + 0.229F - 3.928F^2 + 3.967F^3) \tag{5-9}$$

5.4 本章小结

(1) 采用高速摄像方法分析煤炭颗粒拾取过程，发现影响煤炭颗粒初始翻滚拾取的因素主要有流场气流曳引扰动、其他颗粒冲击扰动以及支撑边界失稳扰动；以累计拾取率为 50%时对应的平均气流速度作为试验煤炭颗粒的拾取速度，发现煤炭颗粒的拾取率变化曲线亦与细小颗粒相似。

(2) 在轴流场内分别对 5～15 mm 煤炭颗粒范围的 5 个粒度等级进行拾取试验,并确定各粒度煤炭颗粒对应的拾取速度。基于 Kalman 模型对煤炭颗粒拾取速度进行反演。以无量纲颗粒粒径为变量对 Kalman 模型进行回归修正,得到轴流场内 5～15 mm 煤炭颗粒的拾取速度预测模型。

(3) 基于高速摄像方法分析旋流场与轴流场拾取过程差异,发现轴流场内煤炭颗粒的拾取过程易呈现局部逐层剥离拾取,常出现迎风下游区域煤炭颗粒团被优先拾取的现象;而旋流场内煤炭颗粒床层拾取易出现颗粒自迎风端部拾取,或自迎风端部逐步卷起并实现整体推移拾取输送的现象。随切向流量比增大,煤炭颗粒的拾取速度呈现先增大后减小趋势,并采用三次多项式,分别以切向流量比和旋流数为变量,回归得到旋流强度对拾取速度的影响规律模型。

(4) 采用数值模拟方法,进行振荡气流场内的颗粒拾取过程研究,发现振幅增大对颗粒拾取率的强化作用起主导作用,且中低频率的振荡气流对颗粒的拾取作用更显著;定义振荡数,获得振荡数与旋流数对拾取速度的影响规律统一表达式。

6 稠密多尺度混合颗粒成栓输送过程特性研究

6.1 轻介共流气力输送原理及系统构成

6.1.1 粗重颗粒气力输送颗粒分析

在密相气力输送过程中，颗粒密集程度较高且输送运动不平稳，颗粒停滞和再次拾取时有发生。拾取运动是气力输送系统颗粒由静止到运动的起始，也是颗粒循环输运的关键。以 11～13 mm 的煤炭颗粒为对象，分析其在水平堆积床上的拾取过程。图 6-1 为粗重颗粒拾取试验装置，堆积于透明亚克力管中的颗粒在气流作用下，实现由静止到滚动、滑动或悬浮的运动状态转变，并通过高速摄像机记录颗粒的初始运动状态和拾取过程。

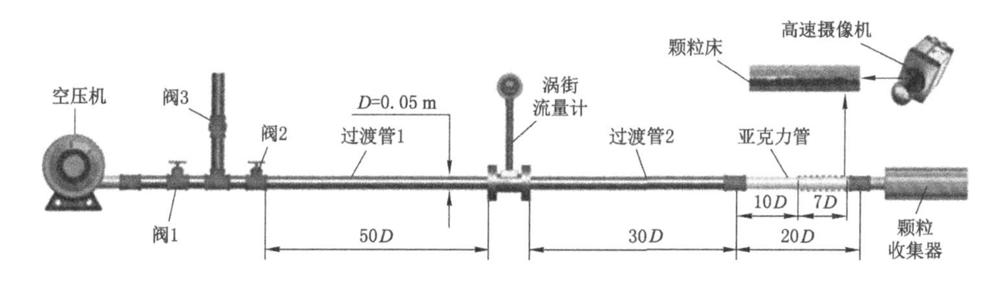

图 6-1 粗重颗粒拾取试验装置

图 6-2 为粗重颗粒初始拾取的运动过程，图中 1、2 和 3 标记分别指代不同起始运动时刻的颗粒团。分析起始时刻 0 s，颗粒团 1 开始被拾取并沿颗粒床翻滚运动，在翻滚过程中，颗粒团 1 中的两个颗粒分别与颗粒团 2 中的凸出颗粒接触，在连续两次冲击扰动作用下，颗粒团 2 自 0.036 s 起开始明显的拾取运动，且颗粒团 2 也沿堆积颗粒床以翻滚的形式拾取。颗粒团 2 被拾取后，在颗

粒团 3 后方形成局部空位，使颗粒团 3 后方形成不稳定支撑，如图 6-2 中 0.074 s 时刻所示。此时，颗粒团 3 在气流曳引和不稳定支撑边界的综合作用下开始翻滚并被拾取。这表明粗重颗粒的初始运动除受气流曳引驱动外，其他颗粒的冲击和支撑边界失稳也是驱动因素。

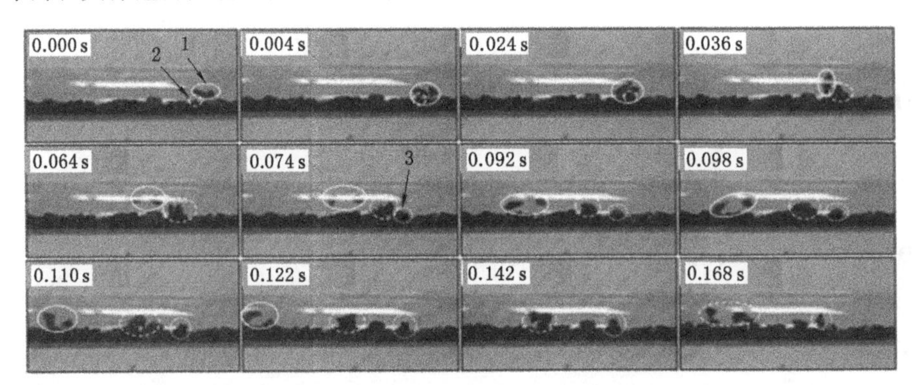

图 6-2　粗重颗粒初始拾取运动过程

通过进一步分析发现粗重颗粒不稳定密相输送时存在四种典型流动状态，如图 6-3 所示，分别为：被气相流化且颗粒被循环拾取的近悬浮输送状态、气固界面处的颗粒翻滚流动状态、颗粒床层中间密集流动状态以及管道底部的准静态推移滑动状态。其中，颗粒近悬浮运动和界面处颗粒翻滚运动均由气相曳引主导，但输运过程均存在气相曳引和颗粒碰撞共同作用；床层中间密集流动和管底准静态推移运动则均由颗粒接触主导，但颗粒的接触对上述两种流态的作用机理又有差异，密集流动区域以上游颗粒接触力打破下游颗粒间的力链自锁实现颗粒流动，管底颗粒推移则通过力链克服颗粒之间及与管壁的摩擦力实现整体滑移。

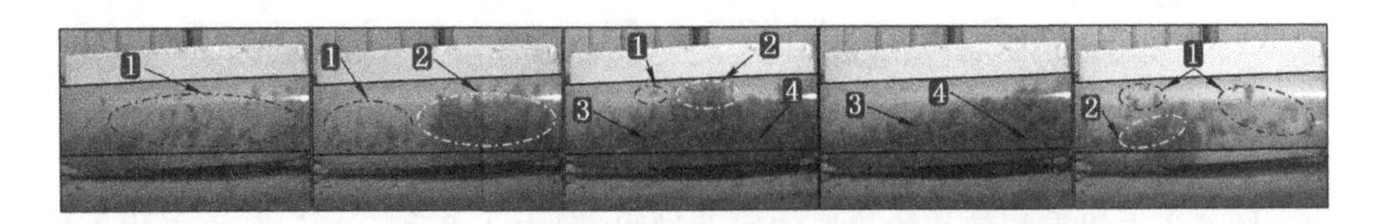

1—悬浮输送状态；2—翻滚流动状态；3—密集流动状态；4—推移滑动状态。

图 6-3　粗重颗粒密相气力输送的四种流动状态

6.1.2 粗重颗粒轻介共流气力输送系统设计

通过粗重颗粒气力输送颗粒动理分析可知，粗重颗粒如仅直接由气相曳引驱动，必然对气流速度有很高要求，并且由此形成的流态变化历程为先翻滚拾取后过渡为稀相悬浮输送状态。故若想实现粗重颗粒低速密相输送，通过颗粒接触驱动粗重颗粒输运更为可行。混合颗粒中易流化的小颗粒会带动整体颗粒床输运形成移动床。沿此拓展，改变待输送粗重颗粒的组分构成，以易于形成密相输送的颗粒为载体介质，先行将介质颗粒流化并形成密相输送状态，并在输送途中载入待输送粗重颗粒，以介质颗粒移动床为载体带动粗重颗粒实现共同输送，到输送终点后，再根据颗粒物性差异分离，介质颗粒回收并循环利用，此即为粗重颗粒轻介共流气力输送。

图 6-4 所示为粗重物料轻介共流气力输送系统。控制柜控制输送系统内风机及所有进气阀、泄压阀、给料阀、卸料阀等控制单元的有序开闭，实现输送系统连续稳定自动运行。输送物料通过给料器喂入管道并与轻介物料在输送管道内混合，实现输送物料与轻介物料混合密相输送。集料器完成混合物料收集后，经物料分离器实现轻介物料与输送物料分离，分离后的轻介物料由负压吸送至轻介物料料仓，实现轻介物料循环利用，分离后的输送物料按输送要求运送至目标输送地。

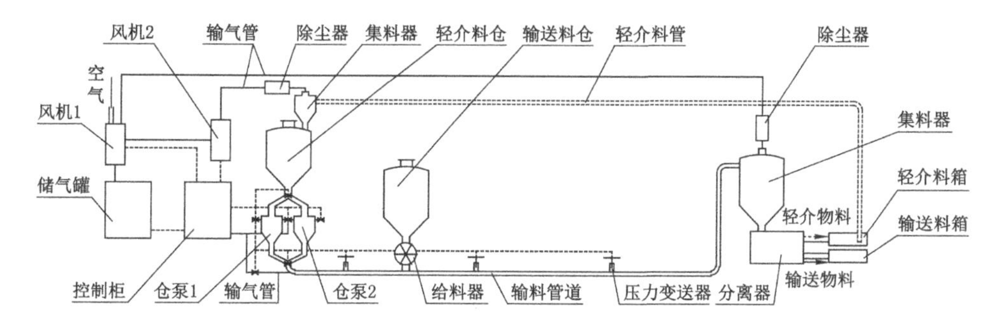

图 6-4 粗重物料轻介共流气力输送系统

6.2 轻介共流气力输运驱动机理分析

6.2.1 气相曳引驱动受力分析

气力输送时粗重颗粒在水平流场内的受力情况分析如图 6-5 所示。图中 $\boldsymbol{u}_a$

为气流速度矢量，$\boldsymbol{u}_c$ 和 $\boldsymbol{\omega}_c$ 分别为颗粒的速度矢量和角速度矢量。粗重颗粒在流场中运动时受到的力包括重力、曳力（阻力）、旋转升力、压力梯度力、浮力以及其他力等。在粗重颗粒气力输送系统中，颗粒密度与空气密度相差悬殊且单个颗粒尺寸较大，以上各力中仅曳力、旋转升力和颗粒的重力与颗粒惯性力在相近量级，并对运动产生影响。因此受力分析时仅考虑曳力、旋转升力和颗粒的重力。

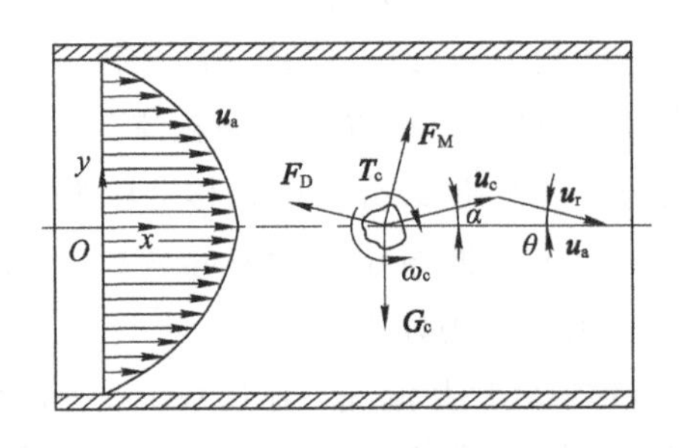

图 6-5　粗重颗粒在水平流场中的受力分析

根据牛顿第二定律可得

$$m_c \frac{\mathrm{d}\boldsymbol{u}_c}{\mathrm{d}t} = \boldsymbol{G}_c + \boldsymbol{F}_D + \boldsymbol{F}_M \tag{6-1}$$

$$I_c \frac{\mathrm{d}\boldsymbol{\omega}_c}{\mathrm{d}t} = \boldsymbol{T}_c \tag{6-2}$$

式中，m_c 为颗粒质量；$\boldsymbol{G}_c$ 为重力矢量；$\boldsymbol{F}_D$ 为曳力矢量；$\boldsymbol{F}_M$ 为旋转升力矢量；$\boldsymbol{T}_c$ 为作用在颗粒外表面的总力矩矢量；I_c 为颗粒转动惯量。当颗粒的自旋角速度很高时，颗粒上部和下部出现明显压差，此时旋转升力对颗粒运动影响显著。但对于粗重颗粒输送过程，颗粒的旋转运动主要由外力与形心错位引起，旋转运动特征微弱，故可忽略旋转升力，颗粒输运的驱动力由曳力主导。

颗粒在空气中的曳力为

$$F_D = 0.5 C_D A_c \rho_a \mid \boldsymbol{u}_r \mid \boldsymbol{u}_r \tag{6-3}$$

式中，C_D 为阻力系数，约为 0.44；A_c 为颗粒的特征面积；ρ_a 为空气密度；$\boldsymbol{u}_r$ 为颗粒与气流的相对速度矢量。可知，颗粒所受的曳力主要取决于颗粒尺寸、空气密度和气流速度，其中气流速度为可操作变量，且应大于颗粒拾取时的气流速度。研究表明，5～15 mm 颗粒拾取气流速度标量可按下式计算：

$$u_a = 5(1.35 + 0.99\mathrm{e}^{-10.37\frac{d_c}{D_{50}}})\left[0.03\mathrm{e}^{3.5\varphi}\right]^{\frac{3}{7}}$$

$$(1.4 - 0.8\mathrm{e}^{-\frac{D/D_{50}}{1.5}}) g^{\frac{3}{7}} \rho_a^{-\frac{4}{7}} (\rho_c - \rho_a)^{\frac{3}{7}} d_c^{\frac{2}{7}} \mu_a^{\frac{1}{7}} \tag{6-4}$$

式中，u_a为拾取气流速度标量；d_c为颗粒直径；D_{50}为基准管道直径，0.05 m；φ为颗粒球形度；D为管道直径；g为重力加速度；ρ_c为颗粒密度；μ_a为空气动力黏度。

可见，对于粗重颗粒气力输送过程，由于气固两相密度差异均较大，较高的气流速度是粗重颗粒拾取的必然要求，同时致能量消耗大、物料破碎和管壁磨损无法避免。

6.2.2　颗粒接触驱动受力分析

密相气力输送时，任意粗重颗粒 i 的运动需满足下式

$$m_{ci}\frac{\mathrm{d}\boldsymbol{u}_{ci}}{\mathrm{d}t}=\boldsymbol{G}_{ci}+\boldsymbol{F}_{Di}+\boldsymbol{F}_{Mi}+\sum_{j=1}^{k_i}\boldsymbol{F}_{ij} \tag{6-5}$$

$$I_{ci}\frac{\mathrm{d}\boldsymbol{\omega}_{ci}}{\mathrm{d}t}=\sum_{j=1}^{k_i}(\boldsymbol{r}_j\times\boldsymbol{F}_{ij}) \tag{6-6}$$

式中，m_{ci}为颗粒 i 的质量；I_{ci}为颗粒 i 的转动惯量；$\boldsymbol{u}_{ci}$为颗粒 i 的速度矢量；$\boldsymbol{\omega}_{ci}$为颗粒 i 的角速度矢量；k_i为计算时刻与颗粒 i 碰撞颗粒（含壁面）的总数；$\boldsymbol{F}_{Di}$和$\boldsymbol{F}_{Mi}$为颗粒 i 所受到的曳力矢量和旋转升力矢量；$\boldsymbol{F}_{ij}$为颗粒 i 与其他颗粒（或壁面）碰撞时受到的合力矢量；$\boldsymbol{r}_i$为颗粒 i 在接触点的曲率半径矢量。根据图 6-6 所示的软球接触模型，可计算出 $\boldsymbol{F}_{ij}$ 的法向分量 $\boldsymbol{F}_{nij}$ 和切向分量 $\boldsymbol{F}_{tij}$ 分别为

$$\boldsymbol{F}_{nij}=-k_n\boldsymbol{\delta}_n^{1.5}-(c_n\boldsymbol{u}_{rij}\cdot\boldsymbol{n})\boldsymbol{n} \tag{6-7}$$

$$\boldsymbol{F}_{tij}=\begin{cases}-k_t\boldsymbol{\delta}_t-c_t\boldsymbol{u}_t & \boldsymbol{F}_{tij}<f_d\mid\boldsymbol{F}_{nij}\mid\\-f_d\mid\boldsymbol{F}_{nij}\mid\boldsymbol{n}_t & \boldsymbol{F}_{tij}\geqslant f_d\mid\boldsymbol{F}_{nij}\mid\end{cases} \tag{6-8}$$

式中，k_n 和 k_t 分别为接触颗粒的法向和切向弹性系数；c_n 和 c_t 分别为接触颗粒的法向和切向阻尼系数；$\boldsymbol{\delta}_n$ 和 $\boldsymbol{\delta}_t$分别为两颗粒法向和切向重叠量矢量；$\boldsymbol{u}_{rij}$为两颗粒的相对速度矢量；$\boldsymbol{n}$ 为两接触颗粒曲率中心距离的单位矢量；$\boldsymbol{u}_t$ 为滑移速度矢量；f_d 为颗粒间的动摩擦系数。当接触初始条件确定时，式中各项均可计算，且接触力远大于曳力，更有利于颗粒运动和动力传递。

综上，轻介共流气力输送系统先由轻介物料获得气相动力，再通过固相间的接触碰撞将动力传递给粗重颗粒，实现气固相间能量的高效传递，以易于达到的轻介物料密相输送边界条件，实现粗重物料输送的目的。另外，研究表明，当不同粒度和密度的颗粒共流，尤其当粗重颗粒由轻细颗粒床层上方落入时，下层颗粒可对上层粗重颗粒起到润滑作用，从而减小上层粗重颗粒的流动阻力。随着流动的进行，颗粒群出现分聚效应，在细小颗粒的润滑作用下形成混合颗粒团整体循环推移流动。因此，轻介共流气力输送相较于传统的稀相和密

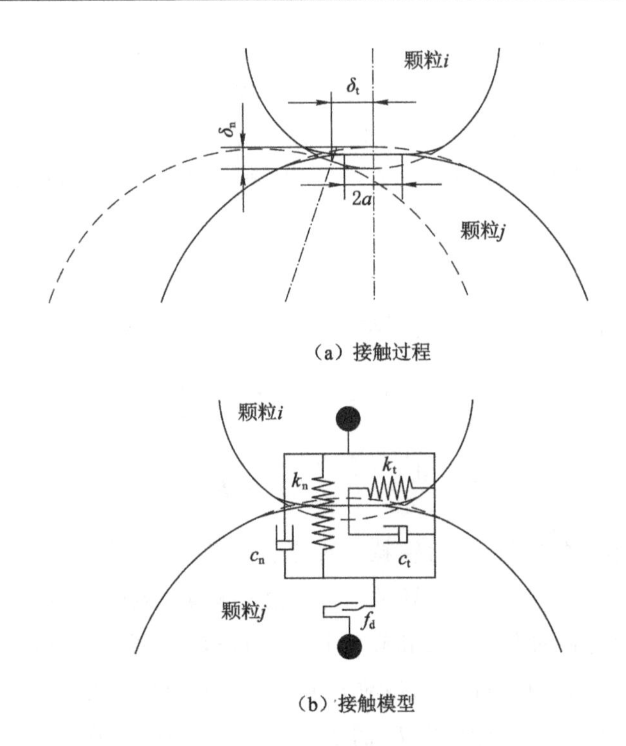

图 6-6 颗粒接触模型

相气力输送均有理论上的优势，比直接稀相气力输送性能更优，比直接密相气力输送更易实现。

6.3 轻介共流气力输送过程特性分析

6.3.1 数值模型设置

在 CFD 数值仿真模块中，由于所研究的输送气流速度远低于音速，且输送过程中无显著热交换现象，仅需从质量守恒和动量守恒两方面定义气相控制方程。此时气相控制方程为

$$\frac{\partial(\rho_a \xi)}{\partial t} + \nabla(\rho_a \zeta \boldsymbol{u}_a) = 0 \tag{6-9}$$

$$\frac{\partial(\rho_a \boldsymbol{u}_a)}{\partial t} + \nabla(\rho_a \xi \boldsymbol{u}_a \boldsymbol{u}_a) = -\xi \nabla p + \nabla(\zeta \boldsymbol{\tau}) + \boldsymbol{F}_{c\text{-}a} + \xi \rho_a \boldsymbol{g} \tag{6-10}$$

式中，ξ 为气相体积分数；p 为气相压力；τ 为黏性应力张量；$\boldsymbol{F}_{c\text{-}a}$ 为颗粒对气相的

力矢量。固相控制方程由式(6-5)和式(6-6)描述。

考虑流动过程中的湍流扩散,采用 Realizable k-ε 模型描述湍流动能方程和湍流耗散率,其模型为

$$\frac{\partial(\rho_a k)}{\partial t}+\frac{\partial}{x_i}(\rho_a k u_{ai})=\frac{\partial}{x_j}\left[\left(\mu_a+\frac{\mu_t}{\sigma_k}\right)\frac{\partial k}{x_j}\right]+G_k-\rho_a\varepsilon \tag{6-11}$$

$$\frac{\partial(\rho_a\varepsilon)}{\partial t}+\frac{\partial}{x_i}(\rho_a\varepsilon u_{ai})=\frac{\partial}{x_j}\left[\left(\mu_a+\frac{\mu_t}{\sigma_\varepsilon}\right)\frac{\partial\varepsilon}{x_j}\right]+\rho_a C_{k1}E_a\varepsilon-\rho_a C_{k2}\frac{\varepsilon^2}{k+\sqrt{\varepsilon\nu_a}} \tag{6-12}$$

式中,k、ε、μ_a、μ_t 和 ν_a 分别为湍动能、湍流耗散率、空气的动力黏度、湍动黏度和运动黏度;x_i、x_j 为笛卡尔坐标系中的坐标方向,$i, j=1, 2, 3$;u_{ai} 为空气在笛卡尔坐标系中三个方向上的速度分量;σ_ε、σ_k、G_k、E_a、C_{k1} 和 C_{k2} 均为模型常数。上述系数在数值模拟湍流模型选定时自动定义。

另外,在 CFD 求解时采用基于压力的求解器,基于有限体积法对控制方程进行离散化,并采用 QUICK 算法离散动量方程和湍流扩散方程,采用压力-流速耦合的 SIMPLE 算法计算求解各控制方程。CFD-DEM 耦合数值模拟计算时,采用基于四边耦合的 Eulerian-Lagranrian 法进行计算,选用 Ergun and Wen&Yu 曳力计算模型,并同时考虑 Saffman 升力、Magnus 升力和流体诱导扭矩,其余数值计算参数及数值模拟设置见表 6-1 和表 6-2。CFD-DEM 耦合数值模拟方法作为分析两相流动系统的有效途径,已被广泛校验并应用。

表 6-1　CFD 数值计算参数及设置

项目	具体内容	指标	数值
材料	空气	密度 ρ_a/(kg/m^3)	1.225
		动力黏度 μ_a/(kg/(m·s))	1.789E−5
	壁面	密度 ρ_w/(kg/m^3)	7 800
边界条件	速度入口	速度值 u_a/(m/s)	10
	湍流	湍流强度/%	4
		水力直径 D/mm	80
	Outflow 出口	Flow rate weighting	1
		粗糙度值 Δ/mm	0.001 5
		粗糙度常数	0.5

表 6-2　DEM 数值计算参数及设置

项目	具体内容	指标	值
材料	木颗粒/玻璃颗粒	泊松比 μ_{p1}/μ_{p2}	0.3/0.23
		剪切模量 G_1/G_2/Pa	1E+9/2.2E+8
		密度 ρ_{p1}/ρ_{p2}/(kg/m³)	500/2 456
	壁面	泊松比 μ_w	0.3
		剪切模量 G_w/Pa	7E+10
		密度 ρ_w/(kg/m³)	7 800
接触模型	木颗粒-木颗粒/木颗粒-玻璃颗粒/玻璃颗粒-玻璃颗粒	碰撞恢复系数 $e_{p1}/e_{p2}/e_{p3}$	0.5/0.5/0.5
		静摩擦系数 $\mu_{s1}/\mu_{s2}/\mu_{s3}$	0.5/0.5/0.154
		动摩擦系数 $\mu_{k1}/\mu_{k2}/\mu_{k3}$	0.1/0.1/0.1
		接触模型	Hertz-Mindlin
	木颗粒-壁面/玻璃颗粒-壁面	碰撞恢复系数 e_{w1}/e_{w2}	0.5/0.3
		静摩擦系数 μ_{s3}/μ_{s4}	0.5/0.154
		动摩擦系数 μ_{k3}/μ_{k4}	0.1/0.1
		接触模型	Hertz-Mindlin
颗粒工厂	木颗粒 1/木颗粒 2/玻璃颗粒 1/玻璃颗粒 2	半径 $w_1/r_{w2}/r_{g1}/r_{g2}$/mm	2.5/3.5/2.5/3.5
		生成速率 $\dot{m}_{w1}/\dot{m}_{w2}/\dot{m}_{g1}/\dot{m}_{g2}$/(kg/s)	1.5/1.5/3/3

将数值计算模型划分为轻介物料密相输送、轻重物料混合、轻重物料共流输送三个计算区域，如图 6-7 所示，流体计算区域采用六面体结构化网格划分，并采用标准壁面方程描述模拟中的附壁效应。CFD 和 DEM 中的时间步长分别为 5E−5 s 和 1E−6 s。

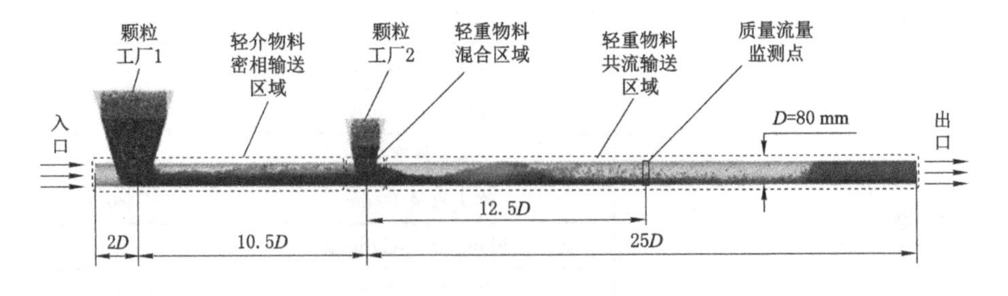

图 6-7　数值计算区域示意

由颗粒工厂 1 生成半径 2.5 mm 的球形木颗粒，由颗粒工厂 2 分别生成半径为 2.5 mm、3.5 mm 的玻璃颗粒和半径为 3.5 mm 的木颗粒作为输送粗重物料，分析的 3 种工况见表 6-3。

表 6-3 分析工况

	轻介颗粒	粗重颗粒	总质量流量/(kg/s)
工况 1	木颗粒 1	木颗粒 2	3
工况 2	木颗粒 1	玻璃颗粒 1	4.5
工况 3	木颗粒 1	玻璃颗粒 2	4.5

6.3.2 数值模拟验证

通过对比数值模拟和密相气力输送试验获得颗粒流态验证数值模拟的可靠性。密相气力输送试验系统见图 6-8，该系统由动力源组件（葆德螺杆式空压机 DHF-30PM、1 m^3 储气罐、凌宇 LY-D30AH 干燥机）、仓泵给料组件（川祺 0.35 m^3）、卸料除尘组件、采集控制系统和输送管道组成。采用直径为 2.5 mm，高为 3.3 mm 的圆柱黑色母粒为物料（密度 1.655 g/cm^3，堆积密度 1.098 g/cm^3）。

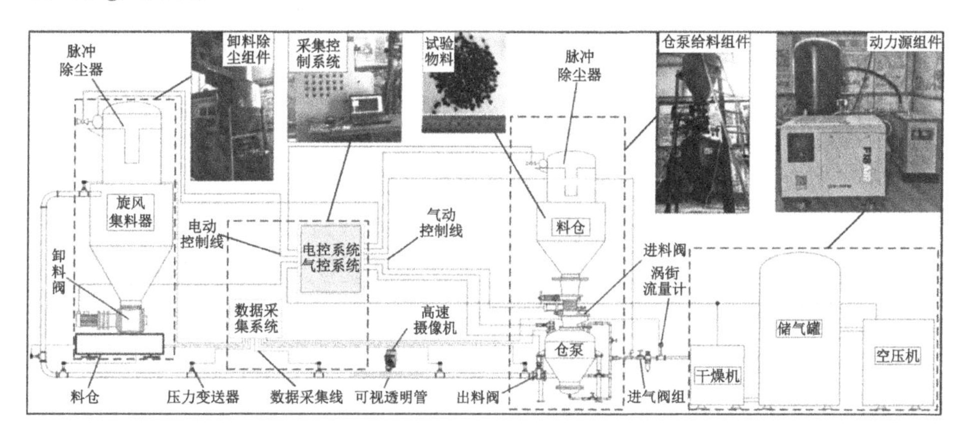

图 6-8 密相气力输送试验系统

图 6-9 为数值模拟与试验输送流态对比，可以看出两种方法获得的料栓生命周期不同阶段的流态均具有明显的相似性，即料栓头部颗粒快速弥散的位置和形态、栓间流动时颗粒管底滑移和床层界面上方颗粒悬浮并存，以及料栓尾部颗粒堆积成栓和栓尾颗粒沿栓垮塌形态均吻合良好。这表明 CFD-DEM 耦

合数值模拟方法可准确再现密相气力输送过程特征，可用于轻介共流气力输送过程分析。

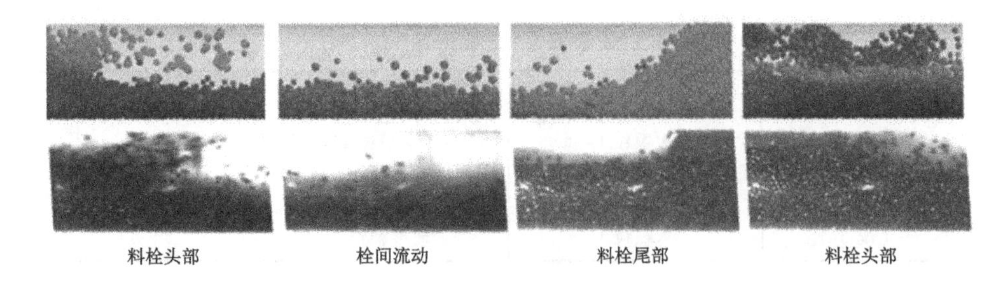

图 6-9　数值模拟与试验输送流态对比

6.3.3　输送过程特性

(1) 输送流态

分析表 6-3 中所示 3 种工况轻介共流系统颗粒输送过程流态特性，如图 6-10所示。可以看出，三种粗重颗粒加入至输送管道后，均会压盖至原流动颗粒床层上方形成初始料栓。待初始料栓通过后，不同粗重颗粒形成的流态呈现显著差异。图 6-10(a)所示的粗重木颗粒输送流态中，粗重颗粒与轻介颗粒密度相同，后续输送难以形成栓流输送，以较均匀的疏密流状态输送，表明同种混合颗粒仍会以原均匀密相流态输送，不会引起流态的显著改变。当粗重颗粒与轻介颗粒密度差异较大时，粗重颗粒介入压盖会引起颗粒床层运动阻滞，随压盖粗重颗粒增多形成连续栓流输送形态，如图 6-10(b)和图 6-10(c)所示。

进一步分析，统计轻介共流输送管道中间位置（距入口 2 m 处）的颗粒质量流量，如图 6-11 所示，3 种粗重物料在该处的质量流量呈现不同的变化形式，并从另一角度反映了图 6-10 所示的输送流态。工况 1 对应的质量流量首个峰值代表初始料栓通过管道中间位置的时间，可以看出，由于工况 1 中粗重颗粒与轻介颗粒为同种物质，更易随床输运，粗重颗粒的喂入对颗粒床层运动的影响较小，故工况 1 中的初始料栓较其他两工况约早 0.1 s 形成并通过；另外，工况 1 中除初始料栓外，未见再次形成新料栓，粗重颗粒和轻介颗粒整体形成相对稳定的密相管底流输送。工况 2 与工况 3 整体输送流态和质量流量变化规律类似，两者在初始料栓通过后均又形成准周期性栓流输送，且料栓之间均会有明显的栓间稀疏管底流。

另外，图 6-11 中的质量流量波峰波谷变化亦为料栓形态的再现。工况 2 出

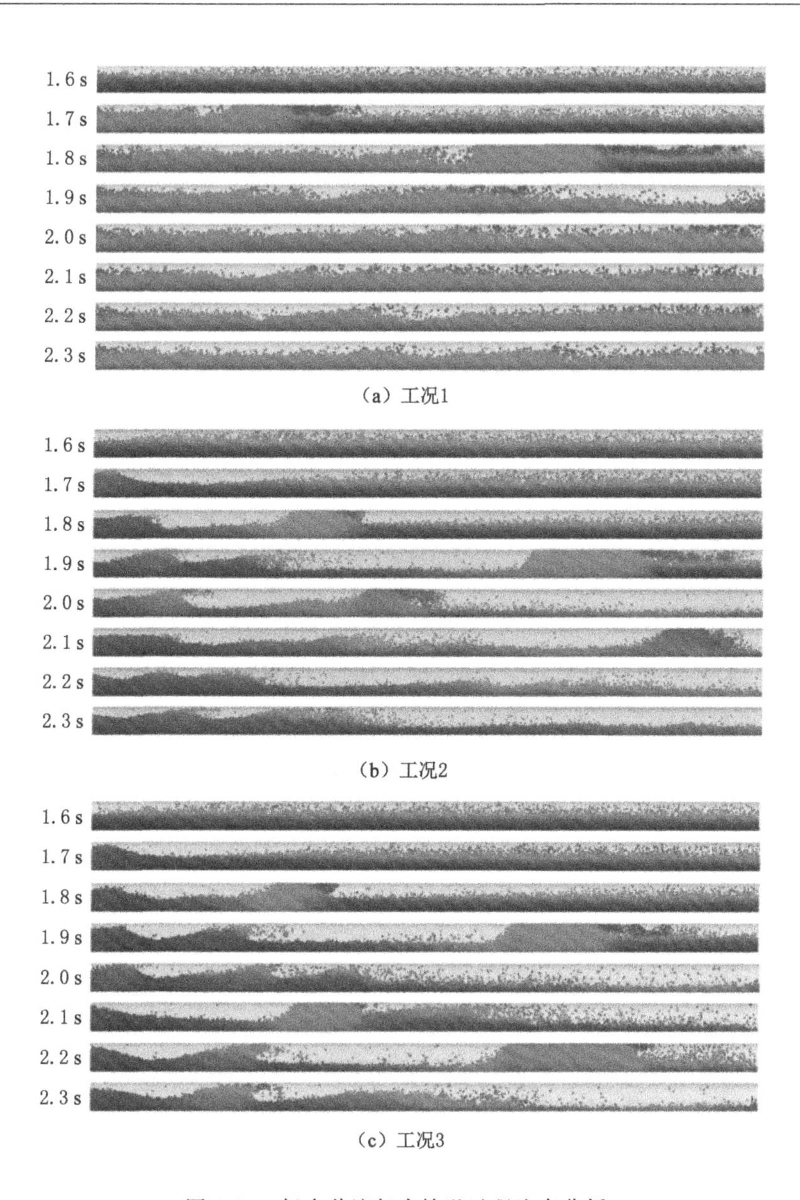

图 6-10　轻介共流气力输送过程流态分析

现 5 次明显的质量流量波峰，前 3 次为边界分明的尖峰形式，表明工况 2 中出现 3 次边界分明的料栓输送，最后 2 次波峰间隔较小，经观察发现两段料栓最终合并成同一料栓。而工况 3 除前 2 次明显质量流量波峰波谷外，后续出现的波峰均与工况 2 中的后两次波峰形式类似，观察发现工况 3 中该阶段出现了介

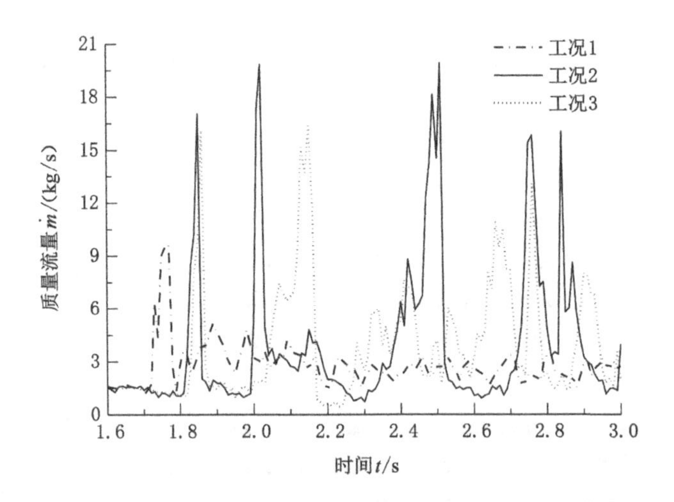

图 6-11　共流输送管道中间位置(2 m 处)混合颗粒的质量流量

于栓流和沙丘流之间的输送形态,即料栓间边界不清晰的满管料栓。

由上述输送流态分析可以发现,粗重物料的密度和大小对输送流态均有影响,但密度影响更为显著,对于多粒径混合的同种颗粒,轻重颗粒混合后与原轻介颗粒输送相比,输运质量流量会增加,但输送流态不会出现显著变化。重质颗粒喂入后,重质颗粒压盖引起轻介颗粒床流动阻滞堆积,进而形成料栓,待静压增大至可以推动料栓运动时,形成栓流输送,该料栓运移之后,重质颗粒会压盖轻介颗粒床并再次形成料栓,如此形成间断料栓输送,同时两料栓之间会有部分颗粒形成稀疏管底流。还可以发现,由于料栓两端存在压差以及其自身的透气性,自然堆积形成的料栓长度、形态和形成周期均有不确定性。料栓两端压差和上下部颗粒堆积密实度差异,会致使料栓前端上部的颗粒加速,进而引起料栓消散;但与此同时,栓顶颗粒加速消耗料栓两端的压差,致使料栓迁移驱动减弱,从而使料栓尾部颗粒堆积密实,进而再次恢复料栓两端压差,有利于料栓保持。输送过程除散栓和固栓动态交替呈现外,相近料栓的崩析和合并也可能出现。因此,轻介共流形成的栓流输送为散栓与固栓行为并存的准周期动态稳定输送状态。

(2) 输送过程粗重颗粒分布自组织行为

将输送管道截面自上而下按径向尺寸均分为 8 个区域,分析输送过程中粗重颗粒分布情况,为规避由于圆形管道截面形状引起的各区域面差,将单位面积单位时间内各区域流通的粗重颗粒质量定义为面积质量流量,分析不同位置粗重颗粒面积质量流量差异，如图 6-12 所示。

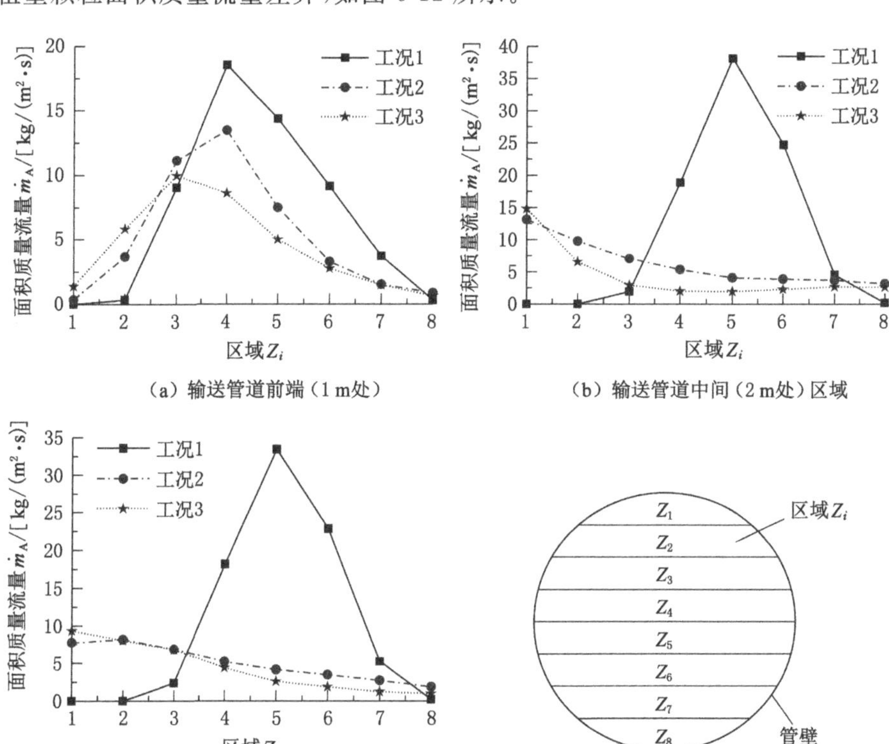

图 6-12 不同位置粗重颗粒面积质量流量

可以看出，3 种工况在不同位置的粗重颗粒分布形态呈现明显差异。在共流输送管道前端，3 种工况中的粗重颗粒均主要聚集在管道中间位置，管道底部和顶部均较稀少，该现象与此处颗粒喂入相关联，粗重颗粒压盖于移动颗粒床层上方，并在向下运动的惯性作用下，聚集于管道中间。随着输运过程，颗粒分布呈以下现象：工况 1 的 3 处位置颗粒分布呈现类似形态，即中间密集两端稀疏，主要分布在管道中心略靠下区域，表明该工况下混合颗粒输送较稳定，颗粒掺混现象不显著，并且不会形成明显的料栓，混合颗粒以稳定的密相管底流输送；工况 2 和工况 3 中不同位置的粗重颗粒分布情况相似，粗重颗粒初始落入并集中分布在管道中心后，随着共流输送过程颗粒分布自组织，逐渐过渡成管道上部粗重颗粒分布更聚集现象，即粗重颗粒在顶部、轻介颗粒在底部的掺混栓流是主要的输送形态，并且从共流输送管道中间到尾部均呈现此规律。上述现象表明，在混合颗粒共流输送系统中，易形成粗重颗粒在上、轻介颗粒在下的自组织输送行为。此时，轻介颗粒既是粗重颗粒接触推移输运驱动源，也对掺混颗粒共流输送起到颗粒润滑作用，印证了混合颗粒输运过程的分聚现象和轻细颗粒润滑作用。另外，由图 6-12 还可发现，粒径较大的重质颗粒在输送过程更易分布于料栓顶部。

(3) 入口压力波动与料栓形态关联

入口速度给定工况下，入口处的压力可用于表征输送系统的能量输入。图 6-13 为各工况入口处压力的变化历程，从图中可以看出入口压力变化规律与颗粒输送流态和共流输送管道中间位置混合颗粒的质量流量呈现关联变化规律，三者可相互表征。

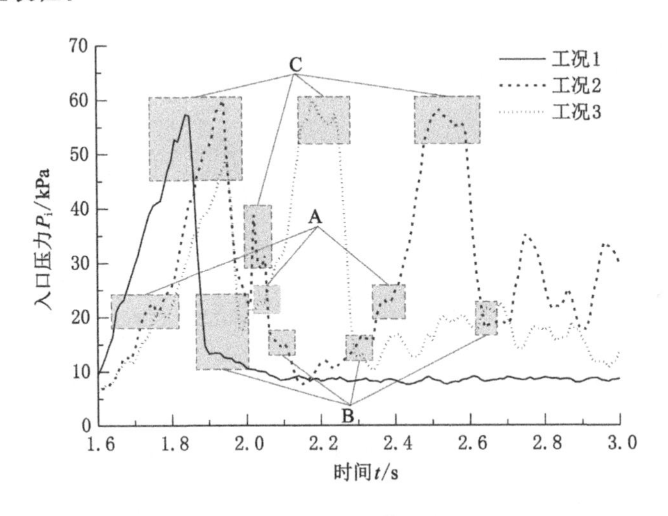

图 6-13　各工况入口压力变化历程

粗重颗粒压盖阻滞轻介颗粒移动床输运，两者共同形成料栓，此过程会引起入口压力持续攀升，当压力增大至可以推动料栓输运时，入口压力会出现轻微振荡，如图 6-13 中 A 标记所示；由于料栓自身及其前后物料的输运驱动需要，入口压力会继续攀升直至料栓崩析或流出计算区域，此时入口压力会大幅下降，如图 6-13 中 B 标记所示；但前一料栓的输运过程与后续料栓或颗粒聚集的进行往往同时出现，因此入口压力并非稳定攀升或到峰值后急剧下降，会出现上升过程或顶峰位置波动，如图 6-13 中 C 标记所示。总体而言，入口压力波动可总体反映混合颗粒的输送流态和输送质量流量，并可以表征出典型料栓的形成、输运及流出过程。

为进一步表征入口压力与料栓输运特性之间的关联，尝试从出口处颗粒获取的能量角度进行分析。忽略水平管道内颗粒势能变化，将出口处颗粒的总动能与入口气流的总压能之比定义为输送能效，根据定义输送能效可通过式(6-13)计算。

$$\eta(t)=\frac{\mathrm{d}E(t)}{\mathrm{d}W(t)}=\frac{\frac{1}{2}\dot{m}_1u_1^2(t)\mathrm{d}t+\frac{1}{2}\dot{m}_2u_2^2(t)\mathrm{d}t}{AP(t)u_\mathrm{a}(t)\mathrm{d}t} \tag{6-13}$$

式中，$\eta(t)$为输送能效；$E(t)$为混合颗粒的总动能；$W(t)$为入口处气流总压能；$\dot{m}_1$ 为轻介颗粒的质量流量；$\dot{m}_2$ 为粗重颗粒的质量流量；$u_1(t)$为轻介颗粒的瞬时平均速度；$u_2(t)$为粗重颗粒的瞬时平均速度；A 为管道截面积；$P(t)$为入口气流总压；$u_\mathrm{a}(t)$为入口气流速度。提取式(6-13)中的各个参数并进行计算得到各工况输送能效的变化历程(时间增量为 0.01 s)，如图 6-14 所示。

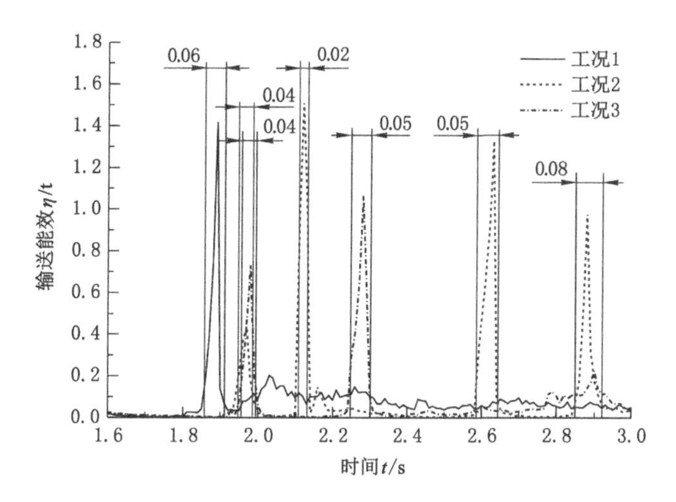

图 6-14 各工况输送能效变化历程

由于输入的气流总压能存在多个能量耗散源项，仅当在满管栓流输送时气相能量可主体转换为颗粒相的动能。因此，图 6-14 所示输送能效以尖峰或低数值波动形式呈现，其中，尖峰形式与满管料栓流出计算区域相对应，并且尖峰宽度与料栓的移动速度和长度相关联；低数值波动与沙丘流或密相管底流相关联，且沙丘对应的能效流波动幅度大于密相管底流。由图 6-14 可以看出，工况 1 除初始料栓外未出现明显的能效尖峰，其余以整体密相管底流、局部沙丘流形式呈现；而工况 2 则出现 4 次明显的能效尖峰，表明共出现 4 次料栓输送，工况

3 共出现 2 次显著能效尖峰和 1 次小幅低数值波动，表明工况 3 出现两次料栓输送，然后又以沙丘流和稀疏料栓输送。上述现象与图 6-11 对应的颗粒质量流量变化历程完全对应。

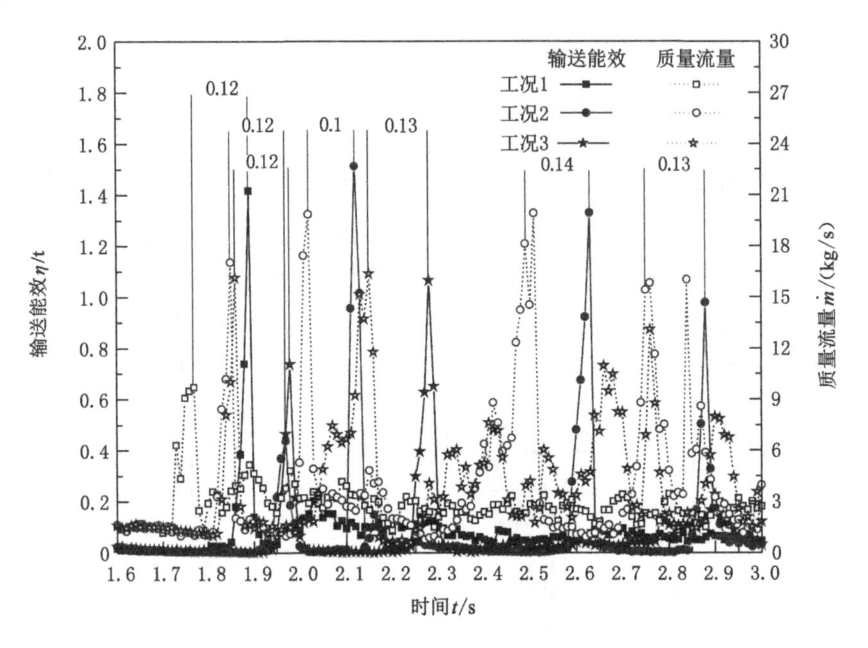

图 6-15　输送能效与颗粒质量流量的关联

同时，图 6-14 所示的输送能效尖峰反映料栓流出计算区域的时刻，而图6-7则反映共流输送管道中间位置的质量流量峰值，根据两处的间距和两峰值之间的时间间隔可近似计算料栓的输运速度，再结合图 6-14 中输送能效尖峰的时间宽度，还可估算出料栓的长度，如图 6-15 所示，图中质量流量监测点距离出口位置为 1 m，根据质量流量峰值与输送能效峰值之间的时间间隔可以估算出，3 种工况所产生初始料栓的移动速度均约为 8.33 m/s。工况 2 后续 3 个料栓移动的速度约为 10 m/s、7.14 m/s 和 7.68 m/s，工况 3 后续产生的料栓移动速度约为 7.68 m/s。再结合图 6-14 中料栓对应的输送能效尖峰宽度，可以估算出工况 1 产生的料栓长度约为 0.5 m；工况 2 产生的 4 个料栓的长度分别为0.33 m、0.2 m、0.36 m、0.61 m，工况 3 产生的 2 个料栓长度约为 0.33 m 和 0.38 m。可见，通过输送能效计算和质量流量监测是数值分析方法中估算料栓参数的可用方法。

6.4 本章小结

提出适用于粗重颗粒密相输送的轻介共流气力输送方法，并对其进行系统设计和输运驱动机理分析，然后在试验验证基础上采用 CFD-DEM 耦合数值模拟方法，从输送流态、颗粒分布自组织行为和入口压力波动与料栓形态关联 3 个方面研究了粗重颗粒轻介共流气力输送过程的颗粒输运特性。

(1) 粗重物料的密度和大小对轻介共流输送系统流态均有影响，但密度影响更为显著；自然堆积形成的料栓长度、形态和形成周期均有不确定性，轻介共流形成的栓流输送为散栓与固栓行为并存的准周期动态稳定输送状态。

(2) 在轻介共流输送系统中，易形成粗重颗粒在上、轻介颗粒在下的自组织颗粒分聚现象，轻介颗粒既是粗重颗粒接触推移输运驱动源，也对掺混颗粒共流输送起到颗粒润滑作用，粒径较大的重质颗粒在输送过程中更易分布于输运料栓顶部。

(3) 入口压力波动可总体反映混合颗粒的输送流态和输送质量流量，并可以表征典型料栓的形成、输运及流出过程；输送能效曲线亦可与管内输送流态存在关联，结合管道中颗粒的质量流量可估算出料栓的输运速度和长度。

7 气力输送系统关键装备设计及集成控制

7.1 气力输送系统关键装置优化设计

气力输送系统由动力装置、给料装置、管道、集储料装置、除尘装置及控制系统组成。项目组针对气力输送系统的关键装置进行优化研发，具体包括旋转给料器、优化气流发生器、耐磨弯头等。

7.1.1 旋转给料器

(1) 耐高压差旋转给料阀

旋转给料阀是气力输送设备中关键的零部件，给料阀的上端往往与进料斗连接，工作时旋转叶轮在给料阀的腔体内旋转，进料斗内的物料落入给料阀腔体内旋转的旋转叶轮时，被旋转叶轮快速地拨到下端的出料口处，出料口处连接高压的输送管道，对物料进行高压气力输送；旋转给料阀能够实现对物料的高效率连续输送，但是由于其下端的出口处接有高压气源，一部分高压气体很容易随着旋转叶轮的转动进入给料阀的空料侧，从给料阀出料口向上喷出，进而将料斗内的物料顶起影响正常下料，称之为“返风”；另外给料阀内存积的高压气体也很容易损坏阀体的密封，造成给料阀漏气严重，从而降低高压管道内的输送压力；传统给料阀内的旋转叶轮和给料阀的内侧壁往往还存在连接不紧密、造成高压气体泄漏的问题。

为解决上述问题，研制出一种耐高压差旋转给料阀，如图 7-1 所示。

所研发的耐高压差旋转给料阀由壳体、旋转叶轮、刮料板、可更换耐磨条、轴承、轴承盖、叶轮旋转轴等组成。壳体上设有入料口、出料口、壳体补气孔、泄压孔。补气孔设置于出料口正上方对称轴线上，补气孔与高压气源连接，通过高压气体作用实现物料快速完全落料。泄压孔设置于旋转叶轮空料侧，通过泄

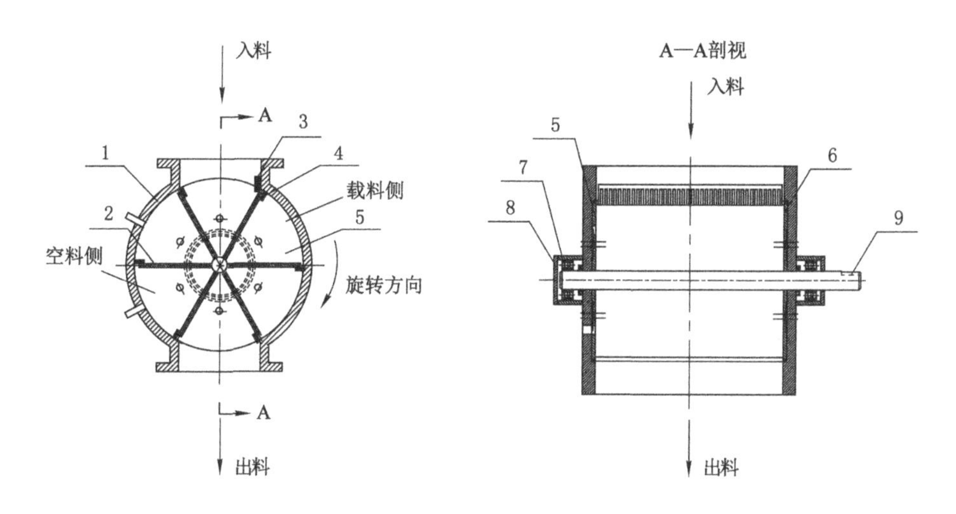

1—壳体；2—旋转叶片；3—刮料板；4—可更换耐磨条；5—前侧板；
6—后侧板；7—轴承；8—轴承盖；9—叶轮旋转轴。

图 7-1　耐高压差旋转给料阀

压孔将旋转叶片隔断之间的残余高压气体快速释放，防止在入料口位置返风。旋转叶轮由旋转叶片两侧布设侧板组成，并在侧板圆周端部均开设密封圈槽，前后侧板与壳体内壁采用间隙配合，并通过密封圈密封。叶轮叶片与壳体内壁存在明显间隙，叶轮叶片上安装可更换的软质耐磨条，耐磨条与壳体内壁紧密接触实现旋转叶片与壳体内壁的密封。前侧板上沿圆周方向在每个载料格中心位置各开设一个叶轮补气孔，该补气孔直径及其与旋转轴心的径向距离与壳体补气孔相同，当叶轮补气孔转动至与壳体补气孔重合位置时，高压气源进入载料格，使物料快速完全落料。前后侧板与壳体内壁接触端面均开设至少两个环状密封圈槽，密封圈槽内安装密封圈，并且所有密封圈槽距旋转轴心的径向尺寸小于补气孔距旋转轴心的径向尺寸，通过至少两排密封圈作用，实现叶轮轴向端面与壳体内壁轴向端面之间的密封。壳体入料口靠近载料侧的下端设有可更换刮料板，刮料板上设有刮料刷，叶轮转动至载料后旋转经过刮料刷后确保叶片端部耐磨条与壳体内壁之间无残余物料，保证旋转叶轮圆周端面与壳体内壁圆周端面密封有效。壳体轴向外侧端面设置有外突出的轴承安装腔，轴承安装于轴承腔体内部，完成对叶轮旋转轴的支撑，轴承与壳体轴向外壁之间设有组合密封挡圈，确保高压气体不从旋转轴安装处泄漏；同时，开口的轴承端盖与叶轮旋转轴之间也设有密封挡圈，确保外界杂质不能进入轴承安装腔。

(2) 自适应电磁联控耐高压旋转给料器

旋转给料阀能够实现对物料的高效率连续输送,但是由于其下端的出口处与高压气流连通,高压气流容易从给料阀的出口处向上对给料阀内部施加压力,导致下料困难,严重影响下料效率;另外,目前给料阀内叶轮的端板与给料阀阀体的端盖之间通常通过面接触的方式实现密封连接,这种密封方式存在的弊端是:若端板和端盖之间的密封压力较小,会造成漏气物料从接触面处泄漏,若端板和端盖之间的密封压力过大,会造成叶轮转动阻力增大,不仅会导致磨损严重,并且会导致能耗高,并且这个密封压力还会受到内部气体压力的影响。

为了解决上述问题,提出一种电磁与先导气联合的自适应密封的旋转给料器,其包括支架、给料阀组件、料仓、送料管道、气源管和驱动机构,如图 7-2 所示。其中,给料阀组件包括阀体、端盖、叶轮、轴承座和轴承等。阀体中部的出料口与落料筒连接。端盖的内侧面中部设有环形滑槽,安装有磁性密封环组件,端盖的外侧面均匀分布有若干个与永磁环位置对应的电磁铁,电磁铁通过导线连接至控制器,气源管入口处的侧壁上设有与控制器连接的气压传感器,将气压传感器与电磁铁连接,气压传感器实时监测气源管处的压力值,监测到的压力信号传输给控制器,来控制电磁铁产生磁力的大小,进而自动调整对滑环产生推力的大小。

磁性密封环组件包括滑环和永磁环,滑环匹配滑动套装在环形滑槽内能够在环形滑槽内左右滑动,实现浮动密封,滑环的厚度小于环形滑槽的深度,因此能够为滑环留出滑动空间。滑环的外端面中部同轴设有环形卡槽,永磁环固定套装在环形卡槽内,滑环的内端口处设有挡板,挡板中间设有圆孔且该圆孔套装在叶轮轴上。该挡板能够在环形滑槽和滑环之间形成一道密封,避免物料进入环形滑槽和滑环之间的缝隙处,提高密封效果。叶轮轴上叶片的端面之间固定连接有密封端板,密封端板的外侧面边沿部设有顶压在滑环内侧面的环形凸起。该环形凸起用于降低密封端板和滑环之间的接触面积,降低密封面之间的转动摩擦力;滑环的内端面外边沿处镶嵌有耐磨环,环形凸起为耐磨材质,用于延长滑环和密封端板的使用寿命。

气源管的侧壁上连接有一根先导气管,阀体的两侧各设有一个通孔,先导气管的上端连接在阀体一侧的通孔内,阀体另一侧的通孔内接出一根排气管,排气管的上端接入料仓内,通过先导气管将高压气体提前引入阀体内进行加压。当送料管道内的高压气体从落料筒向上对阀体产生反向压力时,能够与先导气体产生的压力抵消,然后通过排气管用于泄掉阀体内的压力,实现阀体内

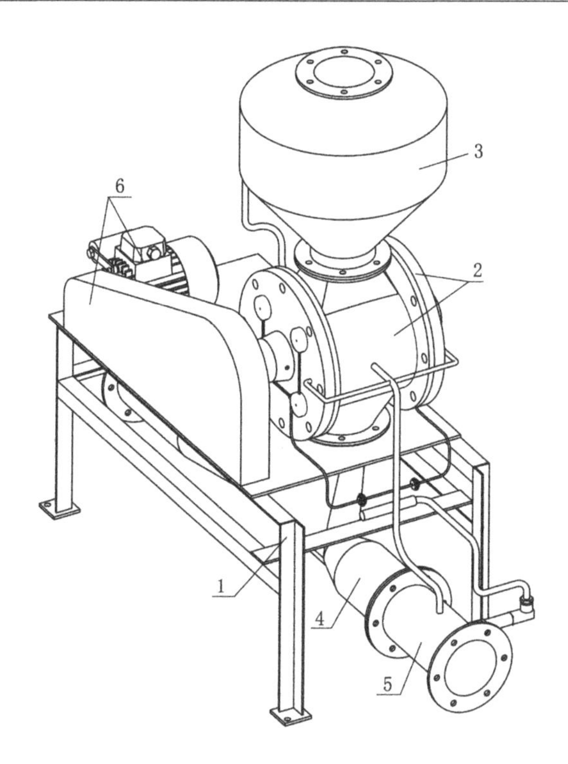

1—支架;2—给料阀组件;3—缓冲料仓;4—送料管道;5—气源管;6—驱动机构。

图 7-2 电磁与先导气联合的自适应密封的旋转给料器

的压力平衡。

端盖的外侧面设有通入环形滑槽内的加压接口,先导气管的上部连接有加压管,加压管与加压接口连接,所述滑环的内侧面中部设有密封槽,密封槽内套入密封圈,该密封圈用于提高环形滑槽和滑环之间的密封效果,因此环形滑槽和滑环之间能够形成封闭腔室,加压管将高压气体引入该封闭腔室内对滑环产生向内的压力,辅助电磁铁工作,能够增加滑环受到的推力。

另外,叶轮轴的两端和两端盖上的轴承座之间均设有迷宫密封组件,迷宫密封用于防止高压气体从叶轮轴和轴承连接处泄漏,进一步提高给料器的密封效果。

7.1.2 优化气流发生装置

气力输送具有清洁、环保、安全、自动化程度高等优点,但同时也具有动力消耗大、易产生物料破碎、管路堵塞、管路磨损严重等缺点。目前,采用气力输送一般采用轴向气流气力输送，为改善上述缺点，可采用降低输送速度、改善流场气流速度分布、分段补气增压等方式。其中，脉冲和旋流气力输送改变输送气流形式，由单纯轴向气流改为轴向气流和脉冲切向气流结合的脉冲旋流。相对于传统轴向气流气力输送，脉冲和旋流气力输送可有效降低最小输送气流速度，减轻物料破碎、防止管路堵塞等。

（1）侧向补气导流叶片起旋装置

所研制的侧向补气导流叶片起旋装置结构如图 7-3 所示，该起旋装置自左至右依次由左端盖、锥形套筒、螺塞、紧固套筒、中间壳体、导流叶片、调节套筒、螺钉和右端盖组成。该起旋装置采用贯通式结构，中间壳体设有辅助进气口，中间导流叶片固定于壳体内部，左侧锥形套筒和右侧调节套筒均可左右调节。该装置结构易于制造，兼具导流叶片起旋装置和环状孔切向进气起旋装置优点，可在不同工况下使用，所产生旋流强度和流场速度分布均可调节。

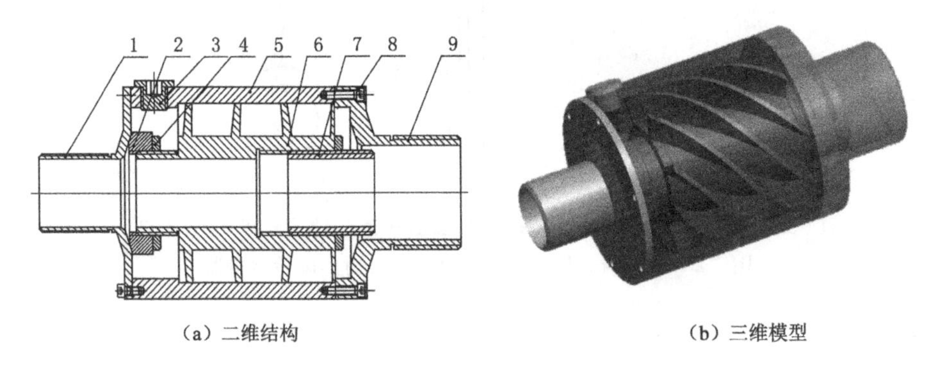

（a）二维结构　　（b）三维模型

1—左端盖；2—锥形套筒；3—螺塞；4—紧固套筒；5—中间壳体；
6—导流叶片；7—调节套筒；8—螺钉；9—右端盖。

图 7-3　侧向补气导流叶片起旋装置

该装置可用于气力输送系统源头起旋和输送过程继旋，如图 7-4 所示。当气力输送系统为单一气源时，可采用图 7-4(a)所示方案，具有起旋功能。此时侧向进气口由螺塞密封，锥形套筒向右调节并由紧固套筒锁紧，气流经左侧流入后分为两路，一路沿中间贯通管道流动形成轴流，另外一路流入圆周旋流通道，经导流叶片引导产生旋流，并由调节套筒与右端盖形成的间隙加速后与中间轴向气流汇合形成旋流场。作为起旋装置使用时，可通过调节锥形套筒的左右位置，调节入口气流流向轴流通道和旋流通道的比例，调节所产生的旋流强度。此外，还可通过调节右侧调节套筒的左右位置，改变四周旋流与中心轴流的汇合位置，调节流场速度分布。

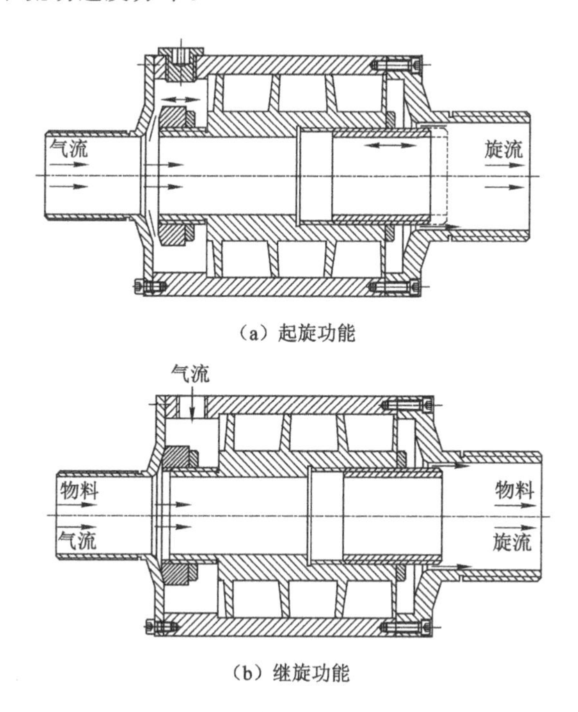

(a) 起旋功能

(b) 继旋功能

图 7-4　起旋装置功能分析

当气力输送为多气源时，可采用图 7-4(b)所示方案，兼具继旋和起旋两种功能。作为继旋装置使用时，锥形套筒调节至最左端并与左端盖接触，防止气流通过，气流和物料混合物经中间贯通管路输送，补充气流由侧向进气口流入导流叶片气腔并产生旋流，四周旋气流与中间轴流料气混合物在右端出口处汇合，形成物料旋流输送。同样，可通过调节侧向进气的流量调节产生的旋流强度，通过调整右侧调节套筒优化流场速度分布。当中间轴向通道为纯气流通过时，该装置亦可作为起旋装置，工作原理与继旋装置类似。

(2) 可调脉冲旋流发生装置

脉冲旋流发生装置是脉冲旋流气力输送的关键部件，用于脉冲旋流的产生，可采用电控脉冲进气、型腔自激振荡等方式，但上述几种方式均存在不足之处，电控脉冲进气可较精确地控制脉冲气流的频率和强度，但产生的旋流效果不能保证，且控制系统和控件组成复杂，型腔自激振荡方式结构相对简单，但产生的振荡气流较弱，且一旦结构确定，产生的脉冲旋流不能调整。

为了解决现有技术中的不足之处，提供一种适用范围广、能够降低颗粒最小输送速度、减轻管路磨损、减少颗粒破碎、避免管路堵塞、产生的脉冲旋流强度和频率可调节的脉冲旋流发生装置。该装置包括分体式壳体、进口管、脉冲气流进气孔板、导杆式单向进气阀、脉冲气流强度调节板、棘轮式自锁调节杆组件、轴向起旋叶片管和出口调节管组成，如图 7-5 所示。

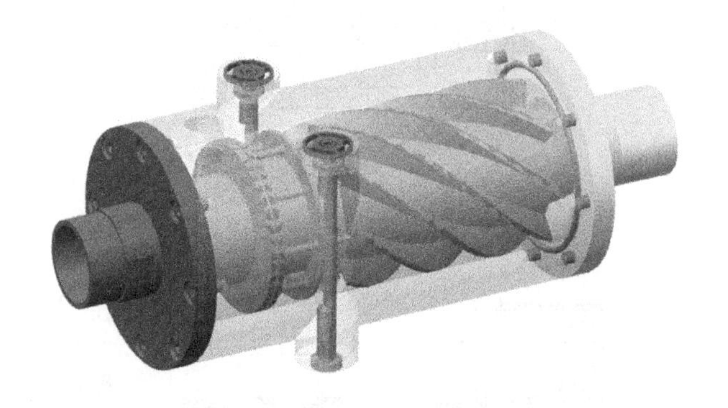

图 7-5 可调节脉冲旋流发生装置

分体式壳体通过螺钉连接，并采用 O 型密封圈密封，左壳体与进口管连接形成轴向气流或气固混合物进口，同时进口管还与轴向起旋叶片管连接，并在左壳体、进口管、轴向起旋叶片管交接处采用 O 型密封圈密封，中间壳体设有侧向进气口，同时中间壳体、左壳体、轴向导流叶片管和脉冲气流进气孔板共同形成切向气腔，中间壳体与轴向起旋叶片管之间形成脉冲旋流起旋通道，轴向起旋叶片管中心为轴向气流和物料通道；轴向气流或物流经出口调节管与切向脉冲旋气流在右壳体出口处汇合形成脉冲旋流气力输送输出。

脉冲旋流依靠导杆式单向进气阀、脉冲气流进气孔板和轴向起旋叶片管共同作用产生；所述的导杆式单向进气阀由阀头、复位弹簧、导杆和固定螺钉组成；导杆式单向进气阀通过固定螺钉均布安装于中间壳体内部圆周，阀头通过位于阀头和脉冲气流强度调节板中间的复位弹簧与脉冲气流进气孔板上的锥形进气孔配合；切向气流由切向进气孔进入切向气腔后，由于压缩空气具有的静压使脉冲气流进气孔板两侧形成压差，在气流压力作用下导杆式单向进气阀打开，切向气流进入脉冲旋流通道形成旋流；导杆式单向进气阀打开后，脉冲气流进气孔板两侧压差减小，在复位弹簧作用下导杆式单向进气阀关闭，切向气流继续流入切向气腔并储蓄能量，待脉冲气流进气孔板两侧压差足够大时再次打开导杆式单向进气阀，并再次产生旋流，如此往复形成脉冲旋气流。

脉冲气流进气孔板通过轴用弹性挡圈和轴向起旋叶片管上的轴肩共同完成定位，并在脉冲气流进气孔板与中间壳体和轴向起旋叶片管连接位置采用O型密封圈密封，保证脉冲气流进气精准。脉冲旋气流的强度和频率均通过棘轮式自锁调节杆组件改变脉冲气流强度调节板的轴向位置调节。在锁紧挡块和扭簧作用下，调节杆和棘轮只能做单向旋转，调节杆中间部分为半圆凸轮结构，转动调节杆时，调节杆半圆凸轮部分转动使脉冲气流强度调节板压紧导杆式单向进气阀的复位弹簧，从而调整弹簧预紧力，实现脉冲气流强度和频率调节；反向调节时，拨开锁紧挡块，反向旋转调节杆即可实现。

自锁调节杆组件为对称结构，进行脉冲气流强度和频率调节时，应保证两侧自锁调节杆组件转动角度一致，确保脉冲气流强度调节板与轴向垂直。出口调节管可左右调节，改变脉冲旋流与中心轴向气流或物料的汇合位置，实现脉冲旋流强度的二次调节。该脉冲旋流发生装置结构简单可靠，可安装于输送管道任何位置，可用于输送源头脉冲旋流产生，也可用于输送途中脉冲旋流补强，产生的脉冲旋流强度和频率均可调整，并且调整方法简单方便，适用于工业应用领域。

7.1.3　优化弯头

颗粒在水平管道和垂直管道中输送时，颗粒同管壁相撞的入射角很小，一般不会引起严重的磨损。当颗粒进入弯头时，由于运动方向的改变，受离心力和惯性力的作用，固体颗粒以极高的速度被气体卷携着撞上弯头管壁，颗粒经过数次碰撞，产生对管壁的冲击，引起对管壁的磨损。由于颗粒的密度远远大于气体密度，运动中颗粒的离心力比气体介质的离心力大得多，这就使颗粒群在弯头处与气体分离，以射流形式碰撞弯头通道，致使局部管道严重磨损，形成磨损槽，最终导致管壁磨穿。

现有防止颗粒对弯头的磨损的方法有如下三种：一是改变材料增加弯头的耐磨性，延缓弯头磨损速度；二是把易磨损的部分预先加厚，比如在易磨损部位焊接一块厚耐磨钢或是增加耐磨层。三是通过增加弯头流通截面或加装折流板改变管内的颗粒流动，以保护弯头。第一种方法只能延长弯头的使用寿命，没有解决弯头磨损问题；第二种方法没有解决弯头部位恶劣的工作条件，不能够有效解决弯头的磨损，使用过程中仍然存在严重的磨损问题；第三种方法尽管减轻了磨损，但是增大了颗粒的动力损失，同时容易产生堵灰现象。

为了解决上述问题，项目组研发了一种弹性减磨弯头，如图7-6所示。

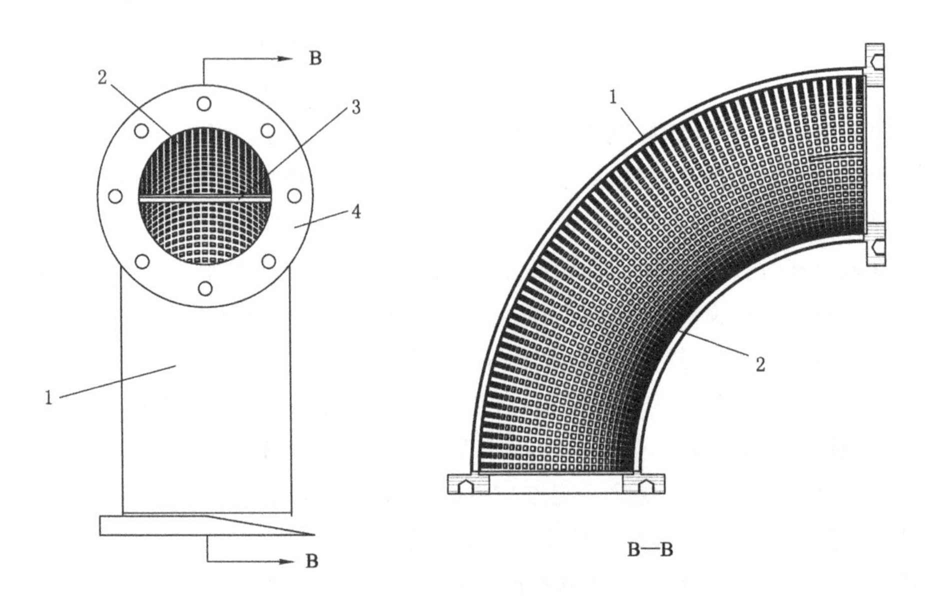

1—管壁；2—钢板冲孔网；3—分流插板；4—法兰盘。

图 7-6　弹性减磨弯头

项目组研发的弹性减磨弯头，包括管壁、钢板冲孔网、法兰盘、分流插板。管壁与法兰盘为一体成型结构，钢板冲孔网呈圆筒状内置于管壁内侧，与管壁内侧留有一定空间即为气室区，钢板冲孔网两端面与法兰盘内端面相连接，分流插板设置在管壁内侧入口中心处。

分流插板呈弧形，设置在入口中心处，裹挟固体颗粒的气流在分流插板处进行分流，使之分层对撞，减少对管壁和钢板冲孔网的磨损，弧形结构起对裹挟物料的气流导流的作用。

钢板冲孔网为柔性网结构，上面均布方形通孔，钢板冲孔网角度与弯头角度一致，方形通孔的大小要小于颗粒的大小，使得气体和固体颗粒能准确分开。分流插板两端开有与钢板冲孔网上方形通孔相匹配的卡槽，以便分流插板的固定，分流插板的存在对钢板冲孔网起到加固支撑的作用。法兰盘上均布有螺纹孔，直接利用螺纹连接加装在管道系统转弯处，利于更换和维修。

具体工作过程如图 7-7 所示，具体如下：① 裹挟固体颗粒的气流从弯头入口处被分流插板分流。② 分流后的裹挟固体颗粒的气流在弯头转弯处部分气体会通过方形通孔进入气室区，形成一层气垫，而固体颗粒无法通过方形通孔会撞击在钢板冲孔网上，被改变方向。③ 固体颗粒运动方向被钢板冲孔网改变，向另一侧冲击，遇上另一侧同样被反弹的固体颗粒，相互撞击，同时第二阶段进入气室区的气体也会逐渐形成涌向轴心的气垫，提供给固体颗粒加速的动能，共同向弯头出口流去，最后流出弯头 。

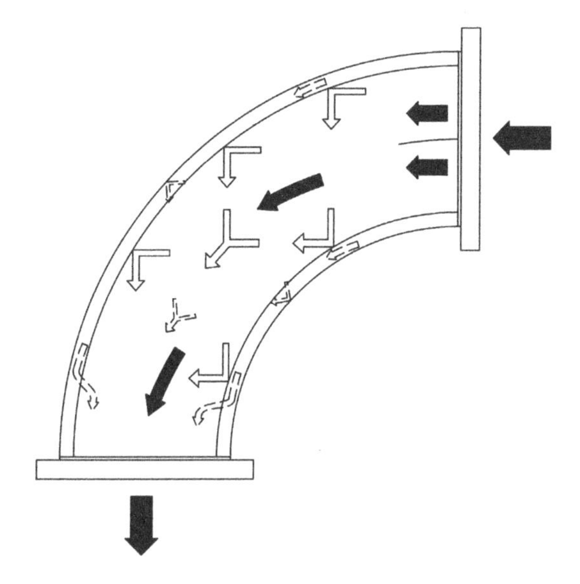

图 7-7　弹性减磨弯头工作过程

7.2　压力与流态联控散体物料密相气力输送系统

气力输送技术是利用压缩空气在管道内实现非黏结性散粒物料的短距离输送。气力输送具有清洁、环保、安全、自动化程度高等优点，但同时也具有动力消耗大、易产生物料破碎、管路堵塞、管路磨损等缺点。密相气力输送是解决当前气力输送现存问题的有效途径，但同时对输送物料属性和输送调节要求苛刻，极易出现管道堵塞和不稳定输送状态。

为了解决现有技术中的不足之处，项目组提出一种能耗小、保护物料防止损坏、输送顺畅稳定的基于流态和压力特征联控的密相气力输送系统。如图7-8所示，该系统包括储料罐、进料仓泵、双腔输送管道机构、集料器、气源和控制柜，储料罐的底部通过进料管道与进料仓泵的进料口连接，进料管道上设有仓泵进料阀。该系统通过主输送气流和辅输送气流共同实现物料悬浮密相输送，辅输送气流大小由物料输送流态和输送管线压力特征联合控制，并根据流态和压力信号自动调节辅输送气流大小。整体结构设计合理,能够稳定顺畅地进行密相气力输送。

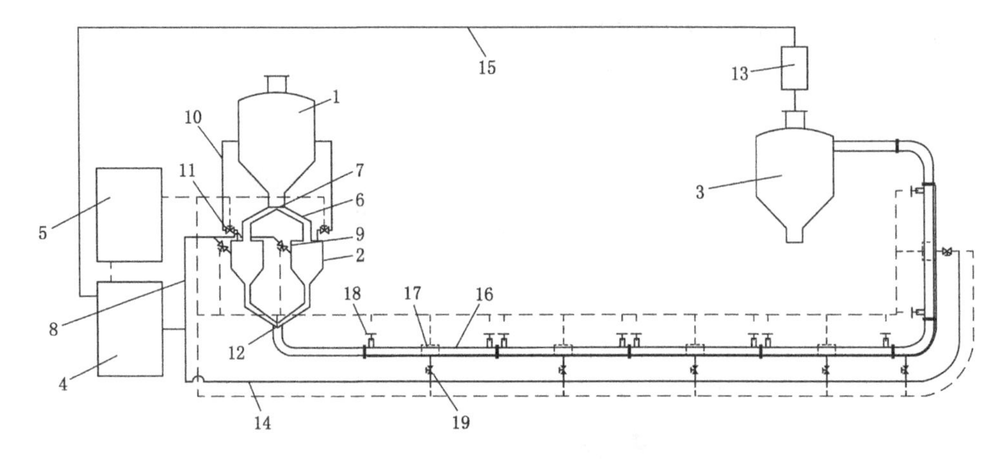

1—储料罐;2—进料仓泵;3—集料器;4—气源;5—控制柜;6—进料管道;
7—仓泵进料阀;8—加压管道;9—仓泵加压阀;10—泄压管道;11—仓泵泄压阀;
12—管道进料阀;13—空气净化器;14—辅进气管道;15—净化管道;16—物料输送管道;
17—流态监测装置;18—压力变送器;19—调节进气阀。

图 7-8　流态和压力特征联控的密相气力输送系统

如图 7-8 所示,气源通过加压管道与进料仓泵连接,加压管道上设有仓泵加压阀,储料罐通过泄压管道与进料仓泵连接,泄压管道上设有仓泵泄压阀,进料仓泵的出料口与双腔输送管道机构的进料口连接,双腔输送管道机构的进料口处设有管道进料阀,双腔输送管道机构的出料口与集料器的进料口连接;气源通过辅进气管道与双腔输送管道机构连接;控制柜分别通过信号线与仓泵进料阀、仓泵加压阀、仓泵泄压阀、管道进料阀、双腔输送管道机构以及气源连接。

双腔输送管道机构由若干根物料输送管道连接而成,相邻的两根物料输送管道通过法兰连接,每根物料输送管道的底部沿长度方向固定有辅输送管壁,辅输送管壁与物料输送管道的底部之间形成密封的辅输送气流腔,辅输送管壁上开设有进气口,每根物料输送管道的底部开设有若干进气孔,进气孔的出气方向与物料输送管道的输送方向的夹角为锐角;物料输送管道的中部设有流态监测装置,物料输送管道两端分别设有压力变送器;控制柜分别通过信号线与所有的压力变送器和流态监测装置连接,气源分别通过辅进气管道与所有的进气口连接，辅进气管道上设有多级调节进气阀。

该系统在进料仓泵和辅助输送气流共同作用下，由双腔输送管道机构进行输送物料，辅输送气流大小由物料输送流态和输送管线压力特征联合控制，并根据流态和压力信号自动调节辅输送气流大小；其中所述的双腔输送管道机构由多节物料输送管道连接而成，物料输送管道为物料输送腔，物料输送管道的下方为辅输送气流腔，在物料输送管道的两端均设置压力变送器，为压力监测点，在物料输送管道的中部设置流态监测装置，为流态监测点；在物料输送管道的底部设有若干进气孔，进气孔为倾斜状，且进气孔的出气方向与物料输送管道的输送方向的夹角为锐角，这样物料可以在物料输送管道内以悬浮状态进行输送；根据物料输送管道内的物料输送流态和两端压差特征，确定多级调节进气阀的开度，进而控制进入辅输送气流的大小，确保物料在物料输送管道内以稳定密相形式输送。

流态监测采用高频摄像头拍摄的方式，主要对物料在物料输送管道内的流动形态进行识别，并通过图像特征识别物料在管道内的分布形态；所述的压力特征主要对物料输送管道内的静压信号进行监测，通过两点间的压差特征表述管道内的压力特征。流态和压力特征联合控制系统具有逻辑判断能力，可以根据不同的流态和压差特征控制实现不同大小的辅输送气流；当物料布满物料输送管道截面且物料输送管道两端监测点压差特征正常时，为正常密相输送状态，无需开启辅输送气流；当物料布满物料输送管道截面且物料输送管道两端监测点压差特征显著增大时，为物料堵塞管道，需开启辅输送气流，此时辅输送气流的强度较大；当物料未布满物料输送管道截面且物料输送管道两端监测点压差特征显著减小时，为物料呈沙丘流输送状态，需开启辅输送气流，此时辅输送气流的强度较小；当物料未布满物料输送管道截面且物料输送管道两端监测点压差特征无显著减小时，为物料沉积管底状态，需开启辅输送气流，此时辅输送气流的强度适中。

综上所述，主输送气流和辅输送气流共同实现物料悬浮密相输送，辅输送气流大小由物料输送流态和输送管线压力特征联合控制，并根据流态和压力信号自动调节辅输送气流大小。整体结构设计合理，能够稳定顺畅地进行密相气力输送。

7.3 轻介共流气力输送系统

目前,气力输送一般用于粉料和细小颗粒散料输送,对于粒度、密度较大的粗重物料,由于所需输送气流速度较高,多数仅能以稀相输送,导致能量消耗、物料破碎和管壁磨损更为严重。低速密相气力输送是解决气力输送技术上述问题的有效途径,但对输送物料属性和输送调节要求苛刻,粗重物料难以实现低速密相气力输送条件。

为改善上述问题,项目组提出一种轻介共流气力输送系统,利用并联仓泵使密度较小、粒度适中且易于流化的轻介物料首先实现连续密相输送,再将粗大、重质的待输送物料由旋转给料器加至输送管道,最终实现混合物料连续密相正压气力输送,完成输送后,轻介物料与输送物料分离,由负压吸送系统将轻介物料输送至轻介物料料仓,循环利用,输送原理见图 7-9。相对于传统稀相或密相气力输送系统,轻介共流气力输送系统可拓展密相输送适用条件,实现大粒度、粗重、易碎等难以输送物料的低速密相输送,能有效降低输送能耗、减轻管道磨损、减少输送物料破碎。

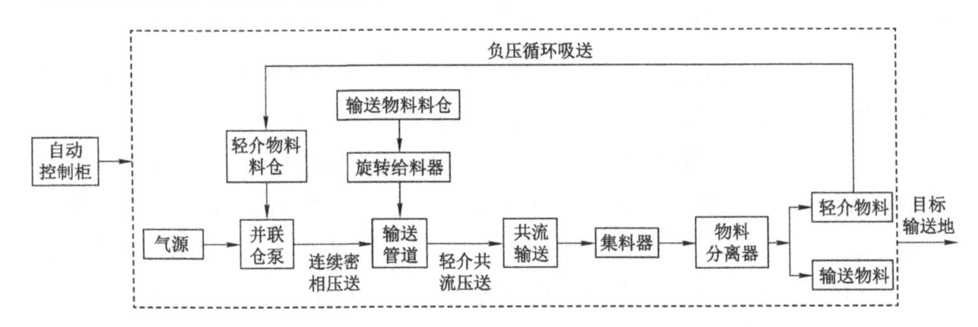

图 7-9　轻介共流气力输送原理图

具体技术方案如下:轻介共流气力输送系统包括自动控制柜、气源、轻介物料料仓、并联仓泵、输送物料料仓、旋转给料器、输送管道、集料器、物料分离器、轻介物料料箱、输送物料料箱等组成,如图 7-10 所示。

轻介物料为密度较小、粒度适中且易于流化的物料,输送时先行进入输送系统并作为输送物料的输送介质;轻介共流输送为输送物料进入输送系统时,轻介物料已完全流化并形成低速密相输送流态,输送物料以低速密相输送的轻介物料和气流的混合物为输送介质,并在输送管道内混合形成输送物料与轻介

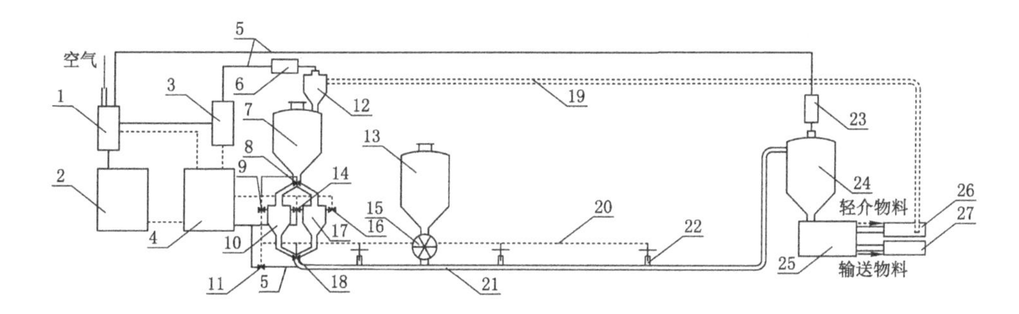

1—空压机；2—储气罐；3—涡旋风机；4—自动控制柜；5—空气管道；6—除尘器 1；
7—轻介物料料仓；8—轻介物料进料阀；9—泄压阀 1；10—轻介仓泵 1；
11—输送管道进气阀；12—轻介物料集料器；13—输送物料料仓；14—仓泵进气阀；
15—旋转给料器；16—泄压阀 2；17—轻介仓泵 2；18—轻介物料卸料阀；
19—轻介物料负压吸送管道；20—控制线路；21—共流输送管道；22—压力变送器；
23—除尘器 2；24—共流物料集料器；25—物料分离器；26—轻介物料料箱；27—输送物料料箱。

图 7-10 轻介共流气力输送系统构成

物料混合共同输送的正压密相气力输送。

该系统由轻介物料与输送物料共同混合输送的正压密相气力输送系统和轻介物料负压吸送气力输送系统构成；正压密相气力输送系统由两处供料系统构成，分别为用于轻介物料供料的并联仓泵和用于输送物料供料的旋转给料器。正压密相气力输送系统还设有单独的进气管道，可根据输送系统压力波动情况自动补气；正压密相气力输送系统与负压吸送气力输送系统共同构成轻介物料循环气力输送系统，两者联合输送实现轻介物料的循环利用。

并联仓泵包括左、右两个仓泵，两者通过轻介物料进料阀、轻介物料卸料阀、仓泵进气阀、泄压阀联合作用，实现两个仓泵循环进料、流化、发送物料，最终实现轻介物料连续密相气力输送。

共流物料集料器下游设置物料分离器，物料分离器使输送物料与轻介物料分离，分离后的输送物料安置于输送目标地，分离后的轻介物料安置于轻介物料箱，并经过负压吸送气力输送系统输送至轻介物料料仓。

共流物料集料器和轻介物料集料器上方均设有除尘器，保证输送系统无粉尘污染危害；正压密相气力输送系统和负压吸送系统使用的输送气流均为循环供应，即正压密相气力输送系统集料后，空气经净化后回流至空压机入风口，同时负压吸送系统的涡旋风机出口亦与空压入风口连接。

自动控制柜控制元件包括空压机、涡旋风机、储气罐、轻介物料进料阀、轻介物料卸料阀、仓泵进气阀、泄压阀、输送管道进气阀、压力变送器等，通过自动控制柜控制，可实现系统自动有序输送。

该技术具有如下优点：

(1) 轻介共流气力输送系统兼具密相气力输送能耗低、物料不破碎、管壁磨损少和稀相气力输送适用范围广的优点，可用于大粒度、粗重、易碎等难以输送物料的低速密相输送，能有效拓展密相气力输送适用范围，可广泛应用于工业领域。

(2) 轻介共流气力输送系统包括正压密相共流输送系统和负压吸送系统，可以实现轻介物料循环利用，同时上述两气力输送系统空气均净化回收，循环利用，输送系统环境清洁友好，符合绿色输送要求。

(3) 轻介共流气力输送系统所有执行元件包括空压机、涡旋风机、储气罐、轻介物料进料阀、轻介物料卸料阀、仓泵进气阀、泄压阀、输送管道进气阀、压力变送器等均由自动控制柜统一系统控制，便于完成输送系统有序输送，实现输送系统自动化运行。

7.4 多智能体气力输送信息一体化控制系统设计

气力输送系统主要包括动力装置、供料装置、输送管路、集料装置、除尘装置和控制系统六大部分。其中，控制系统是串联其他各个部分的关键，具有逻辑执行和全局控制需求。各个装置或组件在智能信号采集和传输架构上形成协同互联的多个智能体。通过利用信息通讯技术和网络空间虚拟系统，将工业装备与信息物理系统相结合，达到气力输送系统各个装备进行智能化转型，实现工业设备上云。基于此实现气力输送系统智能控制目标，达到不同需求解决方案的个性化和定制化。气力输送系统关键设备上云不仅包括传统的软件要素，还包括硬件传感器、云服务平台和智能控制等，除了要求数字化之外，更注重制造和运营的自动化和智能化，尤其是工业大数据采集和处理，实现气力输送系统运行状态实时监测、故障预判诊断、系统智能馈源运行，从而达到设备生产、设备运转状态追踪和智能维护。

为实现多智能体气力输送一体化控制，项目组构建了分层分布式气力输送成套设备在线监测和远程维护系统，并研发了基于多智能体物联与信息集成技术的散体物料气力输送多智能体的一体化信息平台和运维交互软件，其结构拓扑图见图 7-11。该系统的具体构架分层包括：

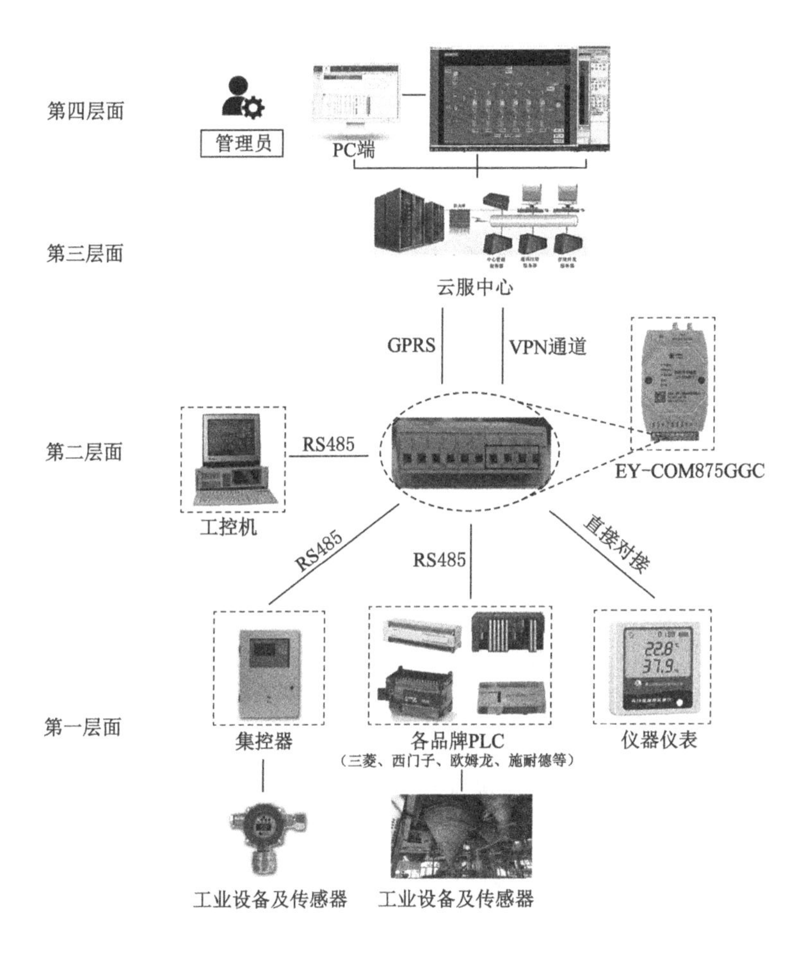

图 7-11　多智能体气力输送一体化控制系统拓扑图

(1) 设备感知层

设备感知层主要负责连接设备，并通过传感器获取流量、压力、温度、湿度、料位、功率、转速等多维数据。实现设备感知可采用以下几种方式：一类是通过网关对接 PLC 实现气力输送系统各个设备的数据采集和运行状态的监测；一类是直接通过有线或者无线的通信方式直接与各种仪器仪表对接，直接读取数据；还有一类是网关对接由集控器与传感器组成的整套硬件设备管控系统进行实时状态、参数、故障等数据的采集。

(2) 通信网络层

通信网络层主要负责数据传输和设备控制。通过 GPRS 或者 VPN 通道，将采集到的数据远传至云端通信服务，或者接收平台层下达的控制指令，最终实现与平台层的交互。

(3) 云计算平台层

云计算平台层以云计算为核心，将采集到的数据进行汇总和处理，服务器将数据进行处理后通过 web 或者 webservice 方式提供给 WEB 端(PC、工控机)进行展示、分析、诊断和管理。实现气力输送系统设备的全天候实时监测，并进行运行状态数据分析。

(4) 客户和后台应用层

客户和后台应用层位于多智能体气力输送一体化控制系统的最顶层，是面向客户的各类应用通用平台。实现用户无程序开发，所见即所得的个性化解决方案物联网应用界面。

7.5 本章小结

(1) 针对井下煤矸气力输送充填系统需求，对气力输送系统中的关键装置进行优化设计，研发了两种适于不同场合的耐高压差旋转给料阀和自适应电磁联控耐高压旋转给料器，结合煤和矸石旋流输送的要求研发了旋流和可调振荡旋流发生装置，针对煤矸物料输送时弯头磨损问题，研发弹性减磨弯头，提升了煤矸气力输送系统关键装置的性能。

(2) 根据煤和矸石气力输送的需求和特点，提出一种基于压力和流态联控的气力输送系统，通过主输送气流和辅输送气流共同实现物料悬浮密相输送，辅输送气流大小由物料输送流态和输送管线压力特征联合控制，根据流态和压力信号自动调节辅输送气流大小，实现煤和矸石等粗重物料的密相气力输送。

(3) 根据煤和矸石粒度分布不均匀特性，对轻介共流气力输送系统进行设计，利用并联仓泵使粒度适中且易于流化的轻介物料首先实现连续密相输送，再将粗大、重质的待输送物料由旋转给料器加至输送管道，最终实现混合物料连续正压密相气力输送，完成输送后，轻介物料与输送物料分离，由负压吸送系统将轻介物料输送至轻介物料料仓，循环利用。

(4) 为实现井下煤和矸石气力输送系统运行状态的实时监测、故障预判诊断、系统智能馈源运行，构建了分层分布式气力输送成套设备在线监测和远程维护系统，并研发了基于多智能体物联与信息集成技术散体物料气力输送多智能体的一体化信息平台和运维交互软件。

8　主要结论

通过对井下弹力式煤矸分选及气力输送充填技术和理论研究，得出如下结论：

(1) 在对矸石处理及煤矸分选的研究和应用现状分析的基础上，提出一种新的适用于井下的煤矸分选方法——弹力式煤矸分选，通过对煤和矸石与弹力板碰撞过程的运动和动力学分析，表明可通过反弹分选和弹力破碎分选两种途径实现；依据裂纹扩展理论和裂缝假说得出煤和矸石在理论上开始破碎和破碎到指定粒度的破碎冲击速度计算公式，为设计试验提供理论依据。

(2) 采集新汶矿业集团有限责任公司协庄煤矿原煤进行冲击试验，采用两因素四水平不等重复试验方差分析法对试验数据进行因素分析，得出影响反弹距离的主要因素；对反弹距离分布进行统计分析表明，煤和矸石的反弹距离基本呈正态分布，但全部矸石的反弹距离分布近似为 Γ 分布。

(3) 通过对试验数据的因素方差分析发现，煤和矸石在弹力作用下的破碎情况主要与冲击速度有关，但粒度的影响因素已明显提升；为了描述破碎情况定义了两个指标：破碎概率和破碎比率，经分析发现，破碎概率和破碎比率基本与冲击速度呈线性关系，而破碎比率与粒度近似呈反比关系；依据试验结果对破碎速度公式进行了修正，对初步估算煤块破碎速度具有指导意义。

(4) 为了预测煤和矸石弹力破碎的情况，根据冲击破碎的试验数据构建了BP人工神经网络，通过人工神经网络预测和试验值对比，两者吻合度较高，解决了多因素和多目标回归拟合困难、准确度低的问题；引入丢煤率和混矸率两个指标对分选结果进行评价，并求得这两个指标的计算公式。

(5) 采用高速摄像方法分析煤炭颗粒拾取过程，发现影响煤炭颗粒初始翻滚拾取的因素主要有流场气流曳引扰动、其他颗粒冲击扰动以及支撑边界失稳扰动，得到轴流场内 5～15 mm 煤炭颗粒的拾取速度预测模型，分析旋流场与轴流场拾取过程差异，发现轴流场内煤炭颗粒的拾取过程易呈现局部逐层剥离拾取，常出现迎风下游区域煤炭颗粒团被优先拾取的现象，回归得到旋流强度对拾取速度的影响规律模型；采用数值模拟方法，进行振荡气流场内的颗粒拾取过程研究，获得振荡数与旋流数对拾取速度的影响规律统一表达式。

(6) 提出适用于粗重颗粒密相输送的轻介共流气力输送方法，并对其进行系统设计和输运驱动机理分析，研究了粗重颗粒轻介共流气力输送过程的颗粒输运特性，发现粗重物料的密度和大小对轻介共流输送系统流态均有影响，但密度影响更为显著；在轻介共流输送系统中，易形成粗重颗粒在上、轻介颗粒在下的自组织颗粒分聚现象，轻介颗粒既是粗重颗粒接触推移输运驱动源，也对掺混颗粒共流输送起到颗粒润滑作用，粒径较大的重质颗粒在输送过程中更易分布于输运料栓顶部；入口压力波动可总体反映混合颗粒的输送流态和输送质量流量，并可以表征典型料栓的形成、输运及流出过程。

(7) 针对井下煤矸气力输送充填系统需求，对气力输送系统中的关键装置包括耐高压差旋转给料阀、自适应电磁联控耐高压旋转给料器、旋流发生器、可调振荡旋流发生装置、弹性减磨弯头等进行优化设计，提升了煤矸气力输送系统关键装置的性能；根据煤和矸石气力输送的需求和特点，提出一种基于压力和流态联控的气力输送系统，并对轻介共流气力输送系统进行详细设计；构建了分层分布式气力输送成套设备在线监测和远程维护系统，并研发了基于多智能体物联与信息集成技术散体物料气力输送多智能体的一体化信息平台和运维交互软件。

参考文献

[1] 中华人民共和国自然资源部. 中国矿产资源报告 2019[R]. 2019.
[2] 国家能源局国家发展改革委. 能源技术革命创新行动计划(2016-2030 年)[R]. 2016.
[3] SUN Y Z, FAN J S, QIN P, et al. Pollution extents of organic substances from a coal gangue dump of Jiulong Coal Mine, China[J]. Environmental Geochemistry and Health, 2009, 31(1): 81-89.
[4] 李侠. 煤矸石对环境的影响及再利用研究[D]. 西安:长安大学, 2005.
[5] QUEROL X, IZQUIERDO M, MONFORT E, et al. Environmental characterization of burnt coal gangue banks at Yangquan, Shanxi Province, China[J]. International Journal of Coal Geology, 2008, 75(2): 93-104.
[6] 卞正富, 金丹, 董霁红, 等. 煤矿矸石处理与利用的合理途径探讨[J]. 采矿与安全工程学报, 2007, 24(2): 132-136.
[7] 张吉雄, 张强, 巨峰, 等. 煤矿"采选充+X"绿色化开采技术体系与工程实践[J]. 煤炭学报, 2019, 44(1): 64-73.
[8] 张吉雄, 屠世浩, 曹亦俊, 等. 深部煤矿井下智能化分选及就地充填技术研究进展[J]. 采矿与安全工程学报, 2020, 37(1): 1-10.
[9] 谢和平. 深部岩体力学与开采理论研究进展[J]. 煤炭学报, 2019, 44(5): 1283-1305.
[10] 周甲伟, 王福荣, 刘瑜, 等. 井下弹道式煤矸分选的理论和实验[J]. 中南大学学报(自然科学版), 2015, 46(2): 498-504.
[11] 杜长龙, 江红祥, 刘送永. 井下煤矸分离机弹性筛面变直线振动筛的研究[J]. 煤炭学报, 2013, 38(3): 493-497.
[12] 刘瑜, 周甲伟, 罗晨旭. 考虑塑性屈服的井下弹道式煤矸分离理论研究[J]. 固体力学学报, 2017, 38(5): 442-450.

[13] 王章国,匡亚莉,林喆,等.基于粒子群算法的重介质分选产品结构优化[J].煤炭学报,2010,35(6):998-1001.

[14] MEYER E J,CRAIG I K. The development of dynamic models for a dense medium separation circuit in coal beneficiation[J]. Minerals Engineering,2010,23(10):791-805.

[15] NAPIER-MUNN T J. Modelling and simulating dense medium separation processes-a progress report[J]. Minerals Engineering, 1991, 4(3/4): 329-346.

[16] MUKHERJEE A K,MISHRA B K. An integral assessment of the role of critical process parameters on jigging[J]. International Journal of Mineral Processing,2006,81(3):187-200.

[17] 匡亚莉,解京选,戈军,等.跳汰过程中 25 和 13 mm 颗粒运动的数学模型[J].中国矿业大学学报,2010,39(6):837-842.

[18] 赵玉清,王学东,史红军.跳汰选煤中模糊 PID 控制方法试验研究[J].煤炭科学技术,2010,38(7):89-91.

[19] 宋俊超,胡丙升,贾金鑫,等.煤系高岭土风力分选脱碳提质探究性试验研究[J].选煤技术,2019(6):39-42.

[20] 吉英华,祝学斌,石万松.采用干法风选工艺对易泥化煤加工提质的研究[C]//2016 年全国选煤学术交流会论文集.唐山,2016:68-71.

[21] PATIL D P,LASKOWSKI J S. Development of zero conditioning procedure for coal reverse flotation[J]. Minerals Engineering,2008,21(5): 373-379.

[22] SARKAR B,DAS A,MEHROTRA S P. Study of separation features in floatex density separator for cleaning fine coal[J]. International Journal of Mineral Processing,2008,86(1/2/3/4):40-49.

[23] 赵浩棣.基于机器视觉的矿井煤矸分选技术研究[D].徐州:中国矿业大学,2021.

[24] 高新宇.基于机器视觉的煤矸智能分选系统设计[D].太原:太原理工大学,2021.

[25] 王骋.多光谱成像结合聚类分析在煤矸识别中的应用[D].淮南:安徽理工大学,2020.

[26] 胡锋.基于多光谱成像和深度学习的煤矸识别研究[D].淮南:安徽理工大

学,2020.

[27] KLEMPNER K S,SMIRNOV A I,UMANETS E D. Optimal thresholds in radiometric coal separation[J]. Soviet Mining,1982,18(6):550-553.

[28] 邢伟,宁玉伟. 基于 γ 射线探测技术的煤矸石分选系统的设计[J]. 河南农业大学学报,2007,41(4):455-457.

[29] 孔力,李红,徐恕宏,等. 双能 γ 射线透射法煤矸石在线识别与分选系统[J]. 华中理工大学学报,1997,25(10):107-108.

[30] 赵子默. 基于激光雷达成像的煤矸智能分选技术研究[D]. 西安:西安工业大学,2021.

[31] 杨晨光. 煤矸中矿物组分在 X 射线下的识别规律[D]. 淮南:安徽理工大学,2020.

[32] 郑克洪. 基于 X-Ray CT 的煤矸颗粒细观结构及破损特性研究[D]. 徐州:中国矿业大学,2016.

[33] 陈岩. 基于多元化应用的煤矸石高效破碎分选技术研究[D]. 武汉:武汉理工大学,2015.

[34] 徐龙江. 井下鼠笼式选择性煤矸分离装备关键技术研究[D]. 徐州:中国矿业大学,2012.

[35] 约翰逊. 接触力学[M]. 徐秉业等,译. 北京:高等教育出版社,1992.

[36]格拉德韦尔. 经典弹性理论中的接触问题[M]. 范天佑 译. 北京:北京理工大学出版社,1991.

[37] 加林. 弹性理论的接触问题[M]. 王君健 译. 北京:科学出版社,1958.

[38] SOLBERG J M,PAPADOPOULOS P. A finite element method for contact/impact[J]. Finite Elements in Analysis and Design,1998,30(4):297-311.

[39] MEGUID S A. Three-dimensional dynamic finite element analysis of shot-peening induced residual stresses[J]. Finite Elements in Analysis and Design,1999,31(3):179-191.

[40] REPETTO E A,RADOVITZKY R,ORTIZ M. Finite element simulation of dynamic fracture and fragmentation of glass rods[J]. Computer Methods in Applied Mechanics and Engineering,2000,183(1/2):3-14.

[41] 肖宏,杨霞,陈泽军,等. 赫兹接触理论在采用边界元法分析轧机轴承载荷中的应用[J]. 中国机械工程,2010,21(21):2532-2535.

[42] 王丹红.高速列车传动齿轮动态接触特性及接触疲劳机理分析[D].南昌：华东交通大学,2021.

[43] 李俊潇,何泽银,陶平安,等.旋叶式压缩机多刚柔耦合建模与叶片动态接触激励分析[J].振动与冲击,2022,41(5):20-26.

[44] 傅卫平,娄雷亭,高志强,等.机械结合面法向接触刚度和阻尼的理论模型[J].机械工程学报,2017,53(9):73-82.

[45] YUAN Y,GAN L,LIU K,et al. Elastoplastic contact mechanics model of rough surface based on fractal theory[J]. Chinese Journal of Mechanical Engineering,2017,30(1):207-215.

[46] 王东,徐超,万强.一种考虑微凸体法向弹塑性接触的粗糙面力学模型[J].上海交通大学学报,2016,50(8):1264-1269.

[47] 王世军,杨超,王诗义,等.基于真应力-应变关系的粗糙表面法向接触模型[J].中国机械工程,2016,27(16):2148-2154.

[48] 王雯,吴洁蓓,傅卫平,等.机械结合面法向动态接触刚度理论模型与试验研究[J].机械工程学报,2016,52(13):123-130.

[49] 黄松元.散体力学[M].北京:机械工业出版社,1993.

[50] SOMMERFELD M. Analysis of collision effects for turbulent gas-particle flow in a horizontal channel:part I. Particle transport[J]. International Journal of Multiphase Flow,2003,29(4):675-699.

[51] AYALA O,GRABOWSKI W W,Wang L P. A hybrid approach for simulating turbulent collisions of hydrodynamically-interacting particles[J]. Journal of Computational Physics,2007,225(1):51-73.

[52] 王晓亮,何榕,陈永利.煤颗粒热解过程中孔隙分形维数变化的数值模拟[J].清华大学学报(自然科学版),2008,48(2):244-247.

[53] 刘传平,王立,岳献芳,等.颗粒流本构关系的实验研究[J].北京科技大学学报,2009,31(2):256-260.

[54] 胡溧,黄其柏,柳占新,等.颗粒阻尼的动态特性研究[J].振动与冲击,2009,28(1):134-137.

[55] 张兴刚,隆正文,胡林.颗粒体系中力分布的标量力网系综模型[J].物理学报,2009,58(1):90-96.

[56] 甘阳,FRANKS G V.颗粒间作用力影响颗粒体系流变性能的研究进展[J].科学通报,2009,54(1):1.

[57] 孙其诚,王光谦.颗粒物质力学导论[M].北京:科学出版社,2009.
[58] 孙其诚,王光谦.颗粒流动力学及其离散模型评述[J].力学进展,2008,38(1):87-100.
[59] WOYTOWITZ P J,RICHMAN R H. Modeling of damage from multiple impacts by spherical particles[J]. Wear,1999,233/234/235:120-133.
[60] DI MAIO F P,DI RENZO A. Analytical solution for the problem of frictional-elastic collisions of spherical particles using the linear model[J]. Chemical Engineering Science,2004,59(16):3461-3475.
[61] 赵海波,郑楚光,陈胤密.考虑颗粒碰撞的多重 Monte Carlo 算法[J].力学学报,2005,37(5):564-572.
[62] HSU C H,CHANG K C . A Lagrangian modeling approach with the direct simulation Monte-Carlo method for inter-particle collisions in turbulent flow[J]. Advanced Powder Technology,2007,18(4):395-426.
[63] 刘红娟,邹春,田智威,等.撞击流中单颗粒运动行为的数值模拟[J].华中科技大学学报(自然科学版),2008,36(5):106-109.
[64] KRUGGEL-EMDEN H,WIRTZ S,SCHERER V. A study on tangential force laws applicable to the discrete element method (DEM) for materials with viscoelastic or plastic behavior[J]. Chemical Engineering Science,2008,63(6):1523-1541.
[65] 刘石,何玉荣,赵云华,等.离散单元法模拟颗粒在斜板上运动及分离过程[J].哈尔滨工业大学学报,2010,42(9):1491-1494.
[66] 李晓光,徐德龙,范海宏.大颗粒流化床中颗粒受力的数值模拟[J].西安交通大学学报,2006,40(7):836-840.
[67] ARDEKANI A M,DABIRI S,RANGEL R H. Collision of multi-particle and general shape objects in a viscous fluid[J]. Journal of Computational Physics,2008,227(24):10094-10107.
[68] 张勇,金保升,钟文琪.基于颗粒尺度 DEM 直接数值模拟的喷动流化床颗粒运动特性[J].东南大学学报(自然科学版),2008,38(1):110-115.
[69] 赵永志,程易.水平滚筒内二元颗粒体系径向分离模式的数值模拟研究[J].物理学报,2008,57(1):322-328.
[70] CLEARY P W. DEM prediction of industrial and geophysical particle flows[J]. Particuology,2010,8(2):106-118.

[71] PRICE M, MORRISON G. Estimating 3D particle motion from high-speed video for simulation validation[J]. Engineering Computations, 2009,26(6):658-672.
[72] SIGURGEIRSSON H,STUART A,WAN W L. Algorithms for particle-field simulations with collisions[J]. Journal of Computational Physics, 2001,172(2):766-807.
[73] 刘阳,陆慧林,刘文铁,等.气固流化床的离散颗粒运动-碰撞解耦模型与模拟[J].燃烧科学与技术,2003,9(6):551-555.
[74] 闫洁,罗坤,樊建人,等.稀疏两相射流中颗粒碰撞的数值研究[J].化工学报,2008,59(4):866-874.
[75] STRATTON R E,WENSRICH C M. Modelling of multiple intra-time step collisions in the hard-sphere discrete element method[J]. Powder Technology,2010,199(2):120-130.
[76] RICHARDSON D C,WALSH K J,MURDOCH N,et al. Numerical simulations of granular dynamics: I. Hard-sphere discrete element method and tests[J]. Icarus,2011,212(1):427-437.
[77] 李瑞霞,柳朝晖,贺铸,等.各向同性湍流内颗粒碰撞率的直接模拟研究[J].力学学报,2006,38(1):25-32.
[78] 赵海波,郑楚光.离散系统动力学演变过程的颗粒群平衡模拟[M].北京:科学出版社,2008.
[79] SOMMERFELD M. Validation of a stochastic Lagrangian modelling approach for inter-particle collisions in homogeneous isotropic turbulence [J]. International Journal of Multiphase Flow,2001,27(10):1829-1858.
[80] ZAICHIK L I, ALIPCHENKOV V M, AVETISSIAN A R. Modelling turbulent collision rates of inertial particles[J]. International Journal of Heat and Fluid Flow,2006,27(5):937-944.
[81] KODAM M,BHARADWAJ R,CURTIS J,et al. Cylindrical object contact detection for use in discrete element method simulations. Part I:Contact detection algorithms[J]. Chemical Engineering Science, 2010, 65 (22):5852-5862.
[82] KODAM M,BHARADWAJ R,CURTIS J,et al. Cylindrical object contact detection for use in discrete element method simulations,Part II:ex-

perimental validation[J]. Chemical Engineering Science,2010,65(22):5863-5871.

[83] 鲁录义,周逢森,冯诗愚,等.多分散系统不同粒径颗粒碰撞的多重八叉树搜索算法[J].西安交通大学学报,2008,42(3):304-308.

[84] 黄绵松,安雪晖.颗粒离散元的 HACell 检索算法用于 SCC 模拟[J].清华大学学报(自然科学版),2010,50(9):1357-1360.

[85] WU B S,ZHONG H X. Efficient computation for lower bound dynamic buckling loads of imperfect systems under impact loading[J]. International Journal of Non-Linear Mechanics,2000,35(4):735-743.

[86] 侯健,顾祥林,林峰.混凝土块体碰撞过程中的动能损耗[J].同济大学学报(自然科学版),2008,36(7):880-884.

[87] ANDREWS E W,GIANNAKOPOULOS A E,PLISSON E,et al. Analysis of the impact of a sharp indenter[J]. International Journal of Solids and Structures,2002,39(2):281-295.

[88] 葛藤,贾智宏,周克栋.钢球和刚性平面弹塑性正碰撞恢复系数研究[J].工程力学,2008,25(6):209-213.

[89] THORNTON C. A note on the effect of initial particle spin on the rebound behaviour of oblique particle impacts[J]. Powder Technology,2009,192(2):152-156.

[90] WU C Y,LI L Y,THORNTON C. Rebound behaviour of spheres for plastic impacts[J]. International Journal of Impact Engineering,2003,28(9):929-946.

[91] DONG H,MOYS M H. Experimental study of oblique impacts with initial spin[J]. Powder Technology,2006,161(1):22-31.

[92] 鲍四元,邓子辰.利用 DMSM 方法求解弹性撞击恢复系数[J].动力学与控制学报,2005,3(4):44-49.

[93] 安雪斌,潘尚峰.多体系统动力学仿真中的接触碰撞模型分析[J].计算机仿真,2008,25(10):98-101.

[94] 赵梦熊.粒子分离器粒子轨迹数值模拟方法的研究[D].南京:南京航空航天大学,2014.

[95] 季浪宇.大颗粒固液两相流碰撞反弹规律及磨损特性研究[D].杭州:浙江理工大学,2017.

[96] 叶佳辉.颗粒与壁面的碰撞反弹特性研究[D].杭州:浙江理工大学,2019.

[97] 迟圣钟.颗粒与运动壁面的碰撞反弹特性研究[D].杭州:浙江理工大学,2021.

[98] 吴铁鹰,赵梦熊.颗粒-壁面碰撞建模与数据处理[J].振动工程学报,2014,27(4):589-597.

[99] 葛令行,魏正英,唐一平,等.迷宫流道内沙粒壁面碰撞模拟与PTV实验[J].农业机械学报,2009,40(9):46-50.

[100] KEKEC B,UNAL M,SENSOGUT C. Effect of the textural properties of rocks on their crushing and grinding features[J]. Journal of University of Science and Technology Beijing, Mineral, Metallurgy, Material, 2006,13(5):385-392.

[101] GUIMARAES M S, VALDES J R,PALOMINO A M,et al. Aggregate production:fines generation during rock crushing[J]. International Journal of Mineral Processing,2007,81(4):237-247.

[102] 郭学彬,肖正学,史瑾瑾,等.石灰岩冲击损伤实验与破碎特性研究[J].爆炸与冲击,2007,27(5):438-444.

[103] REFAHI A,REZAI B,AGHAZADEH MOHANDESI J. Use of rock mechanical properties to predict the Bond crushing index[J]. Minerals Engineering,2007,20(7):662-669.

[104] LINDQVIST M. Energy considerations in compressive and impact crushing of rock[J]. Minerals Engineering,2008,21(9):631-641.

[105] LI F W,LI Y H,XU Z L,et al. Numerical simulation on the impacting and comminuting of coal based on LS-DYNA[J]. Journal of Coal Science and Engineering (China),2008,14(4):644-647.

[106] MCDOWELL G R,BOLTON M D,ROBERTSON D. The fractal crushing of granular materials[J]. Journal of the Mechanics and Physics of Solids,1996,44(12):2079-2101.

[107] SCHUBERT W, KHANAL M,TOMAS J. Impact crushing of particle-particle compounds-experiment and simulation[J]. International Journal of Mineral Processing,2005,75(1/2):41-52.

[108] 张柱,杨云川,晋艳娟.单颗粒破碎机理分析[J].太原科技大学学报,2005,26(4):306-308.

[109] MARKETOS G,BOLTON M D. Quantifying the extent of crushing in granular materials:a probability-based predictive method[J]. Journal of the Mechanics and Physics of Solids,2007,55(10):2142-2156.

[110] TAVARES L M,DAS NEVES P B. Microstructure of quarry rocks and relationships to particle breakage and crushing[J]. International Journal of Mineral Processing,2008,87(1/2):28-41.

[111] UNLAND G,AL-KHASAWNEH Y. The influence of particle shape on parameters of impact crushing[J]. Minerals Engineering,2009,22(3):220-228.

[112] 李微,刘欣,沈玉国,等. 层合板低速冲击响应的动力接触分析方法[J]. 机械强度,1997,19(4):67-69.

[113] 杜忠华,赵国志,钟延光. 冲击载荷作用下陶瓷面板破碎机理的研究[J]. 弹箭与制导学报,2006,26(4):140-142.

[114] CZARNOTA C,JACQUES N,MERCIER S,et al. Modelling of dynamic ductile fracture and application to the simulation of plate impact tests on tantalum[J]. Journal of the Mechanics and Physics of Solids,2008,56(4):1624-1650.

[115] LOKTEV A V. The dynamic contact of an impactor and an elastic orthotropic plate when there are propagating thermoelastic waves[J]. Journal of Applied Mathematics and Mechanics,2008,72(4):475-480.

[116] ANTONYUK S,PALIS S,HEINRICH S. Breakage behaviour of agglomerates and crystals by static loading and impact[J]. Powder Technology,2011,206(1/2):88-98.

[117] LIU L,KAFUI K D,THORNTON C. Impact breakage of spherical,cuboidal and cylindrical agglomerates[J]. Powder Technology,2010,199(2):189-196.

[118] 肖雅文. 料仓卸料过程中颗粒动力学行为研究[D]. 哈尔滨:东北农业大学,2021.

[119] 唐弦. 弛张筛筛板与颗粒碰撞行为研究[D]. 太原:太原理工大学,2021.

[120] 周月,廖海梅,甘滨蕊,等. 滑坡运动冲击破碎物理模型试验研究[J]. 岩石力学与工程学报,2020,39(4):726-735.

[121] 周甲伟. 煤炭颗粒旋流气力输送机理及性能研究[D]. 徐州:中国矿业大

学,2017.

[122] 姜峰,刘艺,齐国鹏,等.液-固下行循环流化床中的颗粒碰撞行为[J].化学工业与工程,2022,39(3):49-59.

[123] KALMAN H,RABINOVICH E. Analyzing threshold velocities for fluidization and pneumatic conveying[J]. Chemical Engineering Science, 2008,63(13):3466-3473.

[124] TAY J Y T,CHEW J W,HADINOTO K. Analyzing the minimum entrainment velocity of ternary particle mixtures in horizontal pneumatic transport[J]. Industrial & Engineering Chemistry Research, 2012, 51 (15):5626-5632.

[125] GOMES L M,MESQUITA A L A. Effect of particle size and sphericity on the pickup velocity in horizontal pneumatic conveying[J]. Chemical Engineering Science,2013,104:780-789.

[126] LEVIN Y,ULLMANN A,PORTNIKOV D,et al. Simple pick-up velocity measurement procedure and defining non-settling particles using a rheometer[J]. Powder Technology,2021,393:23-30.

[127] GAO H M,WANG X J,CHANG Q,et al. Particle charging and conveying characteristics of dense-phase p neumatic conveying of pulverized coal under high-pressure by N_2/CO_2[J]. Powder Technology,2018,328: 300-308.

[128] FU F F,XU C L,WANG S M. Flow characterization of high-pressure dense-phase pneumatic conveying of coal powder using multi-scale signal analysis[J]. Particuology,2018,36:149-157.

[129] FU Y H,CHEN W,SU D,et al. Spatial characteristics of fluidization and separation in a gas-solid dense-phase fluidized bed[J]. Powder Technology,2020,362:246-256.

[130] 陆慧林.稠密颗粒流体两相流的颗粒动理学[M].北京:科学出版社,2017.

[131] HASSAN M,AHMAD K,RAFIQUE M,et al. Computational fluid dynamics analysis of the circulation characteristics of a binary mixture of particles in an internally circulating fluidized bed[J]. Applied Mathematical Modelling,2019,72:1-16.

[132] WANG S Y, CHEN Y J, JIA Y B, et al. Numerical simulation of flow behavior of particles in a gas-solid stirred fluidized bed[J]. Powder Technology, 2018, 338: 119-128.

[133] LIU G D, LIAO P W, ZHAO J N, et al. CFD-DEM study of the effects of direct current electric field on gas-solid fluidization[J]. Powder Technology, 2020, 362: 416-427.

[134] 刘传奇,孙其诚,王光谦. 颗粒介质结构与力学特征研究综述[J]. 力学与实践,2014,36(6):716-721.